3級もくじ

検定試験各部門のポイント　－学習を進めていく前に－	
速度	● 基本的に「入力の正確性」が重視されています。 ● 「審査者によって審査結果が異ならない」審査基準が採用されています。 本冊 上級への橋渡しとして、「チャレンジ問題」を登載しています。
実技	● いくつかあるバリエーションから、実施回によって出題内容が異なります。 本冊 様々なタイプの問題を登載し、どの問題形式にも対応できるようにしています。
筆記	● 実務で必要な「機械・文書」の用語を問う内容が出題されます。 ● ワープロソフトを利用して作文するのに必要な「ことばの知識」を問う内容が出題されます。 本冊 頻出事項を網羅し、「特に注意して覚えたい箇所」を青字で登載しています。
模擬	本冊 実際の検定試験に沿った内容の模擬問題を登載しています。

1　書式・初期設定（Word2019）

①リボンについて

Word2019（2016）では、ユーザーインターフェースの一部として「リボン」が使用されています。リボンは、常に表示される「タブ」と、表や図などを選択したときに表示される[コンテンツタブ]の２種類に分かれます。

A．ユーザーインターフェースの構成

B．タブ

※ビジネス文書実務検定試験では使用しない[参考資料]・[差し込み印刷]・[校閲]は省略します。

①[ファイル]タブ　ファイルに対する操作（開く・保存・印刷）やオプションの設定を行います。

②[ホーム]タブ　フォントや段落などの編集作業の操作を行います。

③[挿入]タブ　表や画像、図形などの挿入やヘッダーを設定する作業の操作を行います。

④[デザイン]タブ　透かしを挿入する作業の操作を行います。

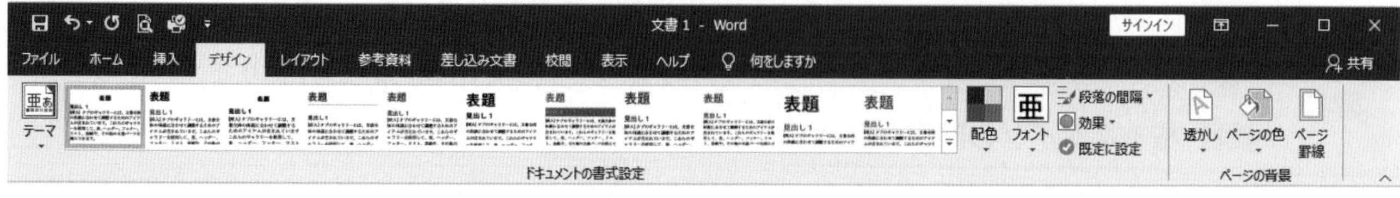

⑤[レイアウト]タブ　書式設定の作業の操作を行います。

⑥[表示]タブ　画面表示を設定する操作を行います。

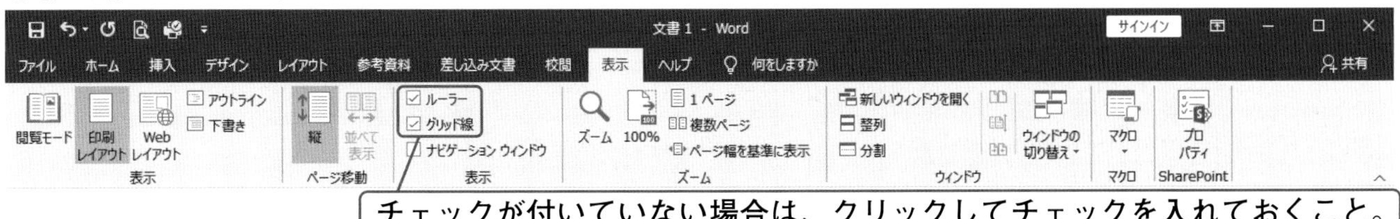

C．コンテンツタブ　[表ツール]

※表を選択しているときに表示されます。

①[テーブル デザイン]タブ　罫線の太さの変更や塗りつぶしなどの操作を行います。

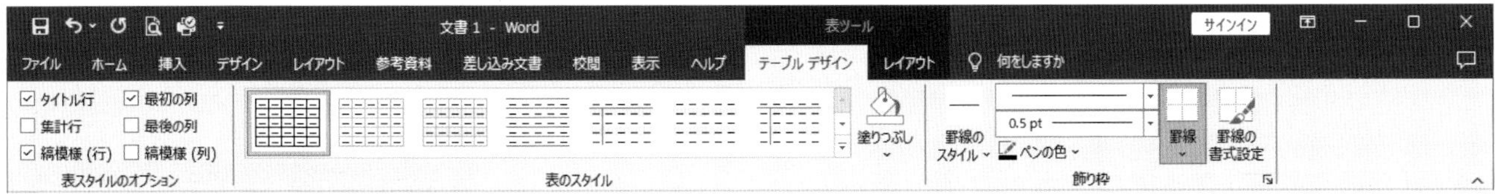

②[レイアウト]タブ　罫線の削除やセルの結合、ソート、計算などの操作を行います。

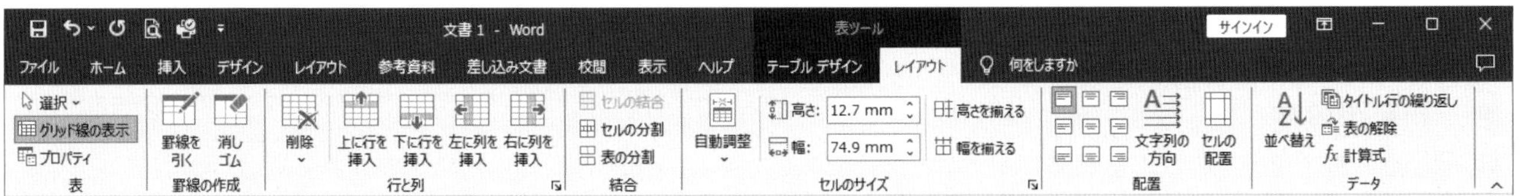

D．コンテンツタブ　[図ツール]

※画像（オブジェクト）を選択しているときに表示されます。

○[書式]タブ　図の設定をする作業の操作を行います。

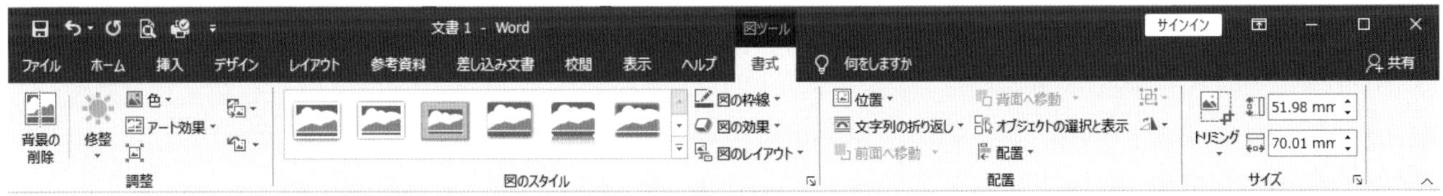

E．コンテンツタブ　[描画ツール]

※図形やテキストボックスを選択しているときに表示されます。

○[書式]タブ　図形やテキストボックスの設定をする作業の操作を行います。

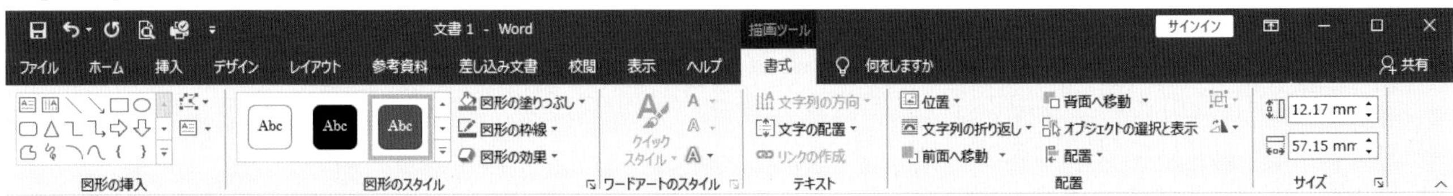

級ごとの操作に必要となるタブ・グループ

※問題によっては使用しない場合もあります。

タブ	グループ	3級	2級	1級
ファイル	－	○	○	○
ホーム	フォント	○	○	○
	段落	○	○	○
挿入	表	○	○	○
	図	－	○(画像のみ)	○
	テキスト	－	－	○
デザイン	ページの背景	－	－	○
レイアウト	ページ設定	○	○	○
表示	表示	○	○	○
表ツール／テーブル デザイン		－	○	○
表ツール／レイアウト		－	○	○
図ツール／書式		－	○	○
描画ツール／書式		－	－	○

②書式設定について

書式設定では、速度問題・実技問題で次のように指示されています。

速度問題	実技問題
〔 書 式 設 定 〕 a．１行の文字数を３０字に設定すること。 b．フォントの種類は明朝体とすること。 c．プロポーショナルフォントは使用しないこと。	〔 書 式 設 定 〕 a．余白は上下左右それぞれ２５ｍｍ b．１行の文字数　　３０字 c．１ページの行数　　２９行　※問題により異なる d．フォントの種類　　明朝体 e．フォントサイズ　　１４ポイント f．プロポーショナルフォントは使用しないこと。 g．複数ページに渡る印刷にならないよう書式設定に注意すること。

※実技問題の指示が多いので、書式設定は実技問題の基準に合わせ、速度問題はその基準から文字数と行数を修正して利用するとよいです。

A．[ページ設定]ダイアログボックスの表示

①[レイアウト]タブをクリックします。
②[ページ設定]グループの[ページ設定ダイアログボックスランチャー]をクリックし、ダイアログボックスを表示します。

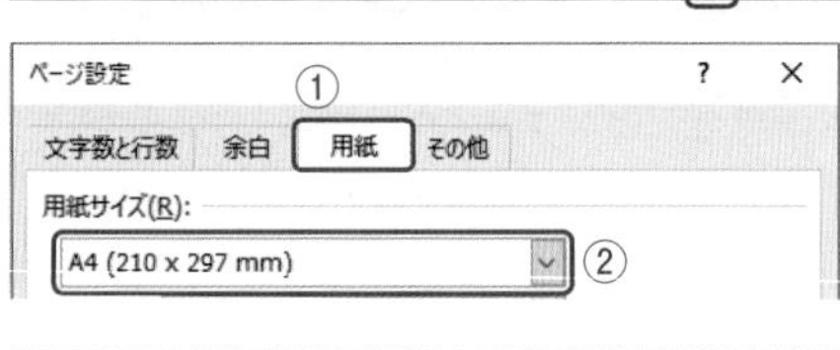

B．用紙の設定

①[用紙]タブをクリックします。
②[用紙サイズ]を「Ａ４」に設定します。

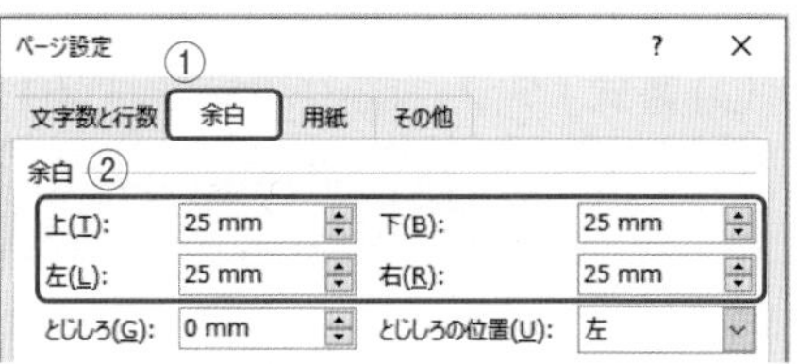

C．余白の設定

①[余白]タブをクリックします。
②[余白]の[上][下][左][右]をいずれも「25 mm」に設定します。

D．フォントの設定

①[文字数と行数]タブをクリックします。
②右下に表示されている[フォントの設定]ボタンをクリックします。
※[フォント]ダイアログボックスに表示が変わります。
③[日本語用のフォント]を「ＭＳ明朝」、[英数字用のフォント]を「(日本語用と同じフォント)」に設定します。
④[サイズ]を「14」に設定します。
⑤[詳細設定]タブをクリックします。
⑥[カーニングを行う]のチェックをはずします。
⑦右下に表示されている[ＯＫ]ボタンをクリックします。
※[ページ設定]ダイアログボックスに表示が戻ります。

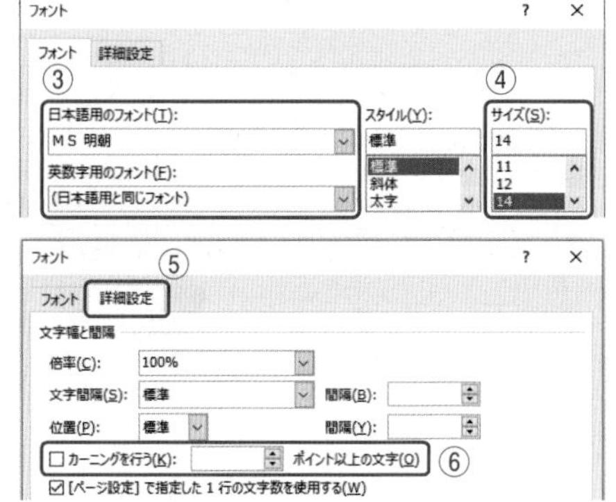

E．文字数と行数の設定

①[文字数と行数の指定]を「文字数と行数を指定する」に設定します。
②[文字数]を速度問題は「30」、実技問題は「30」に設定します。
③[行数]を速度問題は「30」、実技問題は「29」に設定します。

実技問題の[行数]は、問題ごとに違います。問題の書式設定を確認してください。

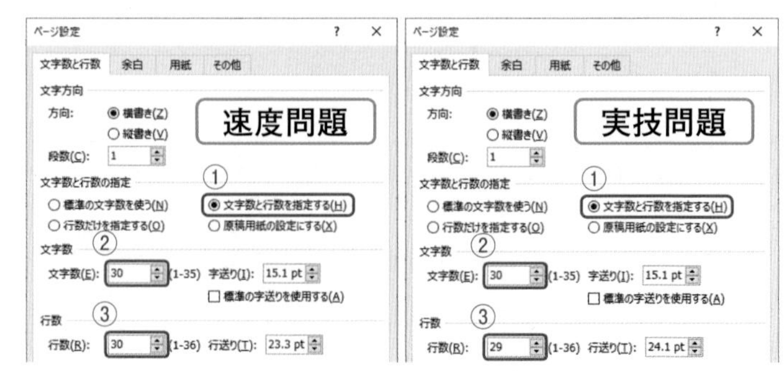

F．グリッド線の設定

①［グリッド線］ボタンをクリックします。
※［グリッドとガイド］ダイアログボックスに表示が変わります。

②［文字グリッド線の間隔］を「1 字」、［行グリッド線の間隔］を「1 行」に設定します。

③［グリッドの表示］の［グリッド線を表示する］のチェックを付けます。

④［文字グリッド線を表示する間隔（本）］のチェックを付け、「1」に設定します。

⑤［行グリッド線を表示する間隔（本）］を「1」に設定します。

⑥［ＯＫ］ボタンをクリックします。
※［ページ設定］ダイアログボックスに表示が戻ります。

⑦［ＯＫ］ボタンをクリックして、ダイアログボックスを閉じ、書式設定を終了します。

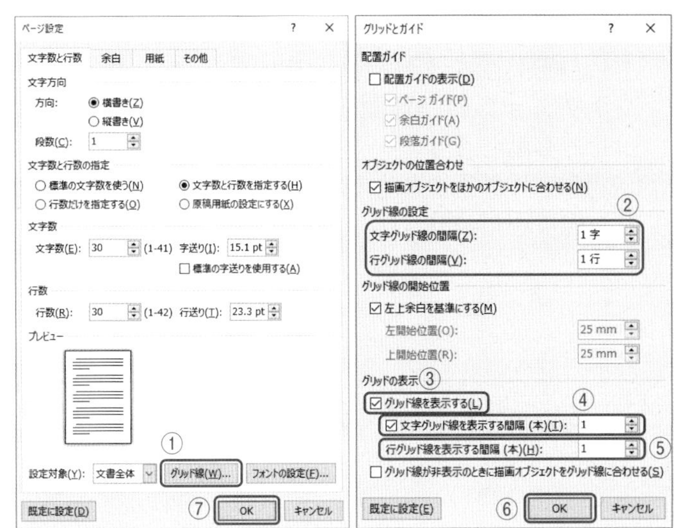

③Word の文字ずれを防ぐ設定について

Wordには、文書作成のためのさまざまなオプションが用意されています。しかし、そのオプションが原因となり文字の間隔などがずれてしまうことがあります。書式設定のあとに、文字ずれを防ぐための設定を行ってから問題に取り組んでください。

A．段落の設定…【現象】日本語と半角英数字の間の間隔が調整され、ずれが生じる。禁則処理により１行の文字数がずれる。

①［ホーム］タブをクリックします。

②［段落］グループの［段落ダイアログボックスランチャー］をクリックし、［段落］ダイアログボックスを表示します。

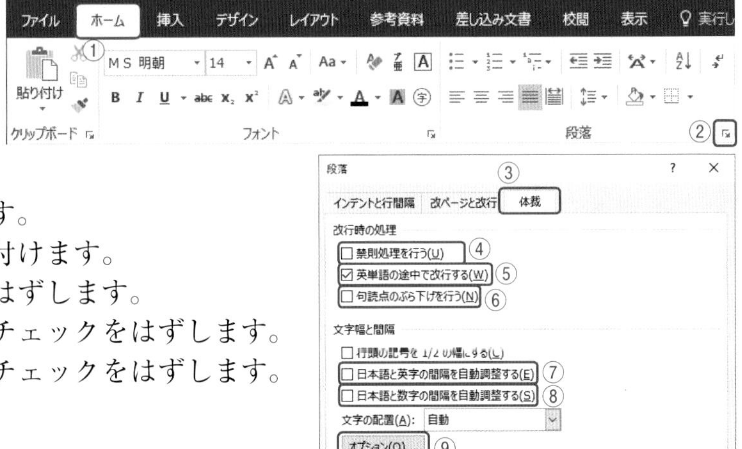

③［体裁］タブをクリックします。

④［禁則処理を行う］のチェックをはずします。

⑤［英単語の途中で改行する］のチェックを付けます。

⑥［句読点のぶら下げを行う］のチェックをはずします。

⑦［日本語と英字の間隔を自動調整する］のチェックをはずします。

⑧［日本語と数字の間隔を自動調整する］のチェックをはずします。

⑨［オプション］ボタンをクリックします。
※［Wordのオプション］ダイアログボックスが表示されます。

B．文字体裁の設定…【現象】区切り文字（カッコや句読点）の間隔が調整され、ずれが生じる。

①［文字体裁］をクリックします。

②［カーニング］を「半角英字のみ」に設定します。

③［文字間隔の調整］を「間隔を詰めない」に設定します。

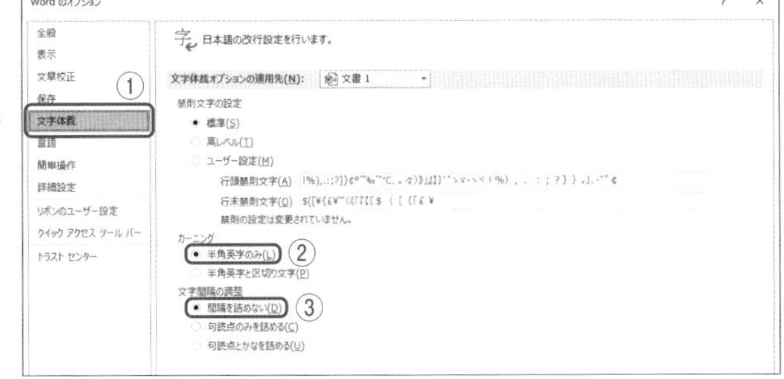

C．詳細設定の設定…【現象】入力した文字と文字グリッド線に若干のずれが生じる。

①［詳細設定］をクリックします。
②オプションの一覧画面を［表示］までスクロールさせて移動します。
③［読みやすさよりもレイアウトを優先して、文字の配置を最適化する］にチェックを入れます。

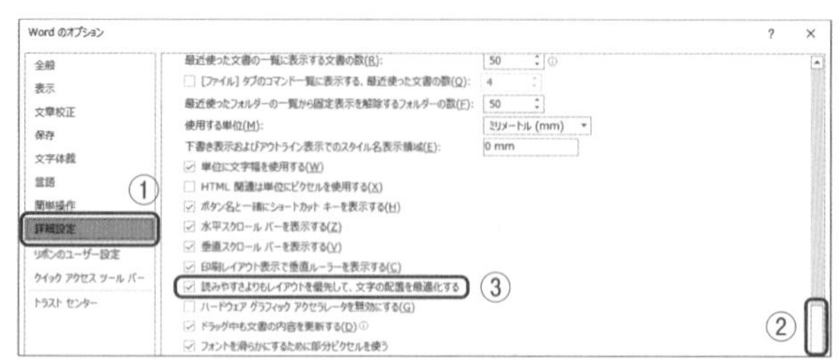

D．文章校正の設定…【現象】「１．」や記号（○など）から始まる文を改行すると「２．」や記号が自動的に挿入され、番号や記号とそのあとの文字との間に間隔が調整され、ずれが生じる。

①［文章校正］をクリックします。
②［オートコレクトのオプション］ボタンをクリックします。
※［オートコレクト］ダイアログボックスが表示されます。
③［入力オートフォーマット］タブをクリックします。
④［入力中に自動で書式設定する項目］の［箇条書き（行頭文字）］と［箇条書き（段落番号）］のチェックをはずします。
⑤［ＯＫ］ボタンをクリックします。
※［オートコレクト］ダイアログボックスが閉じます。
⑥［Wordのオプション］の［ＯＫ］ボタンをクリックします。
※［Wordのオプション］ダイアログボックスが閉じます。
⑦［段落］の［ＯＫ］ボタンをクリックして、文字ずれを防ぐ設定を終了します。
※［段落］ダイアログボックスが閉じます。

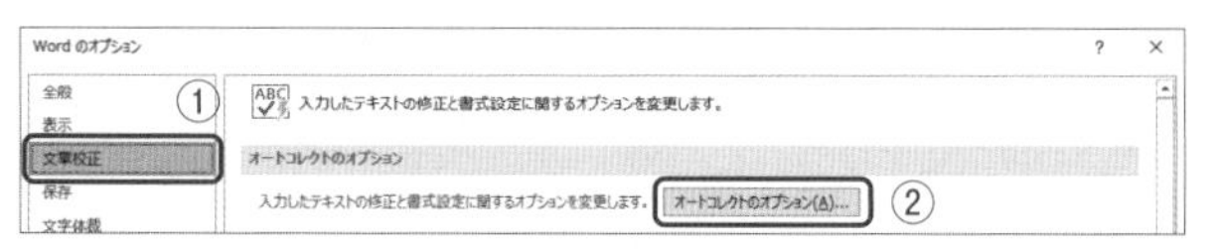

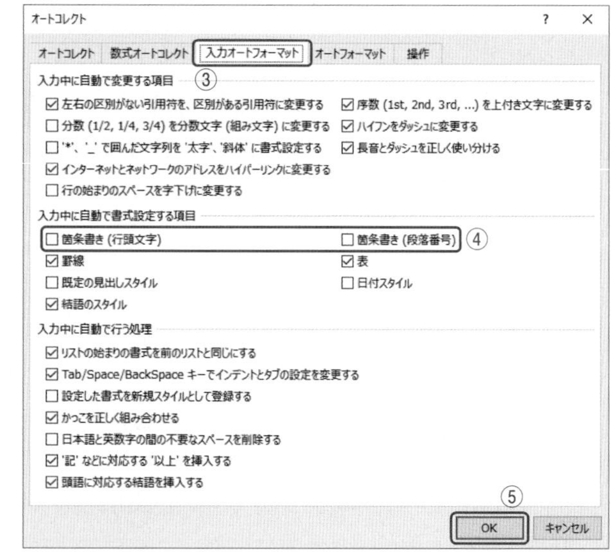

◎注意点

①「**A．段落の設定**」は、書式のクリアをした行、ダブルクリックで挿入した新たな行には適用されません。
②「**C．詳細設定の設定**」は、文字グリッド線に対してのオプションです。この設定を行っても、表を挿入したときに生じる行と行グリッド線のずれには対応しません。

○補足説明

［Wordのオプション］は、①［ファイル］タブをクリックし、②［オプション］をクリックして表示することもできます。

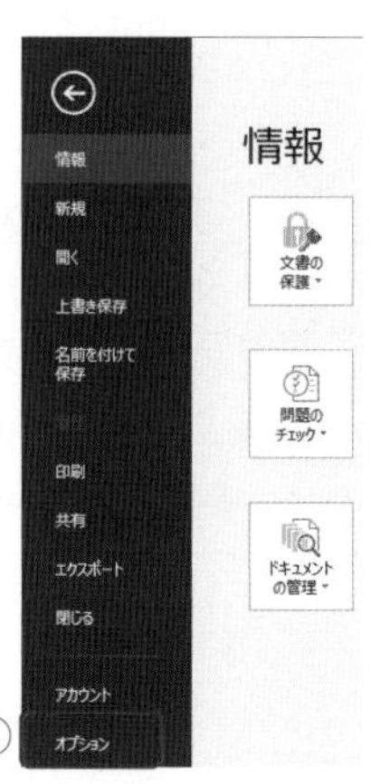

④ヘッダーの入力について

ヘッダーとは、ページの上余白の部分を指します。検定試験では、このヘッダーについて、以下のような指示がされています。

速度問題・実技問題共通

〔 注 意 事 項 〕

1．ヘッダーに左寄せで受験級、試験場校名、受験番号を入力すること。

①画面上の上余白でダブルクリックすると、ヘッダー内にカーソルが表示されます。

ヘッダーの文字が本文の１行目と重なっている場合には数値を小さく調整する。

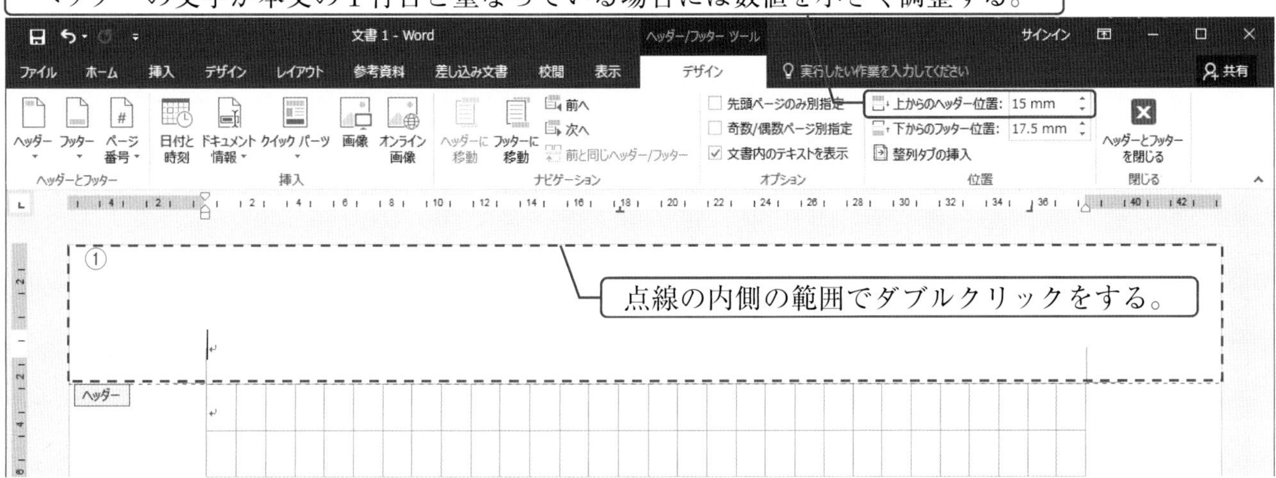

②問題文の指示のとおり、受験級・試験場校名・受験番号を入力する。入力が終わったら、[ヘッダーとフッターを閉じる]をクリックします。

◎注意点

空白スペースが、画面に表示されていない場合は、上端の部分に合わせてダブルクリックする（①）と、上余白が再表示されます。

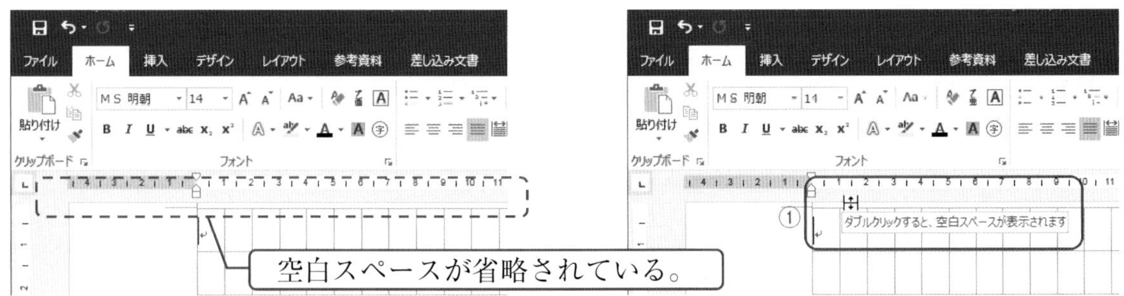

ワンポイント！　[段落記号↵]を表示させる

文書作成では、[段落記号]が表示されていると、作成がしやすくなります。表示されていない場合は、[ファイル]タブをクリックし、[Wordのオプション]を表示します（⊖P.6）。[表示]をクリックし、[常に画面に表示する編集記号]の[段落記号]にチェックを入れます。

2 タッチタイピング

●日本語入力ソフトの利用

パソコンで日本語を入力する場合には、日本語入力ソフトを利用する。ソフトウェアごとに操作方法に違いがあるので、入力練習の前に基礎知識として知っておくこと。

(1) 変換方法

文字入力を行うときの主な変換方法は、以下のとおり。自分の使用しているソフトウェアの操作方法を確認しておくこと。

	Microsoft IME
日本語入力　オン／オフ	半角／全角キー
変換	スペースキーまたは 変換キー
全角カタカナ変換	Ｆ７キー
全角英数字変換	Ｆ９キー
無変換	エンターキー
文節の移動	← →
文節区切りの変更	Shift ＋ ← →
確定後の再変換	（範囲指定して）変換キー

(2) 言語バー

画面下に現れる言語バーについても知っておくこと。

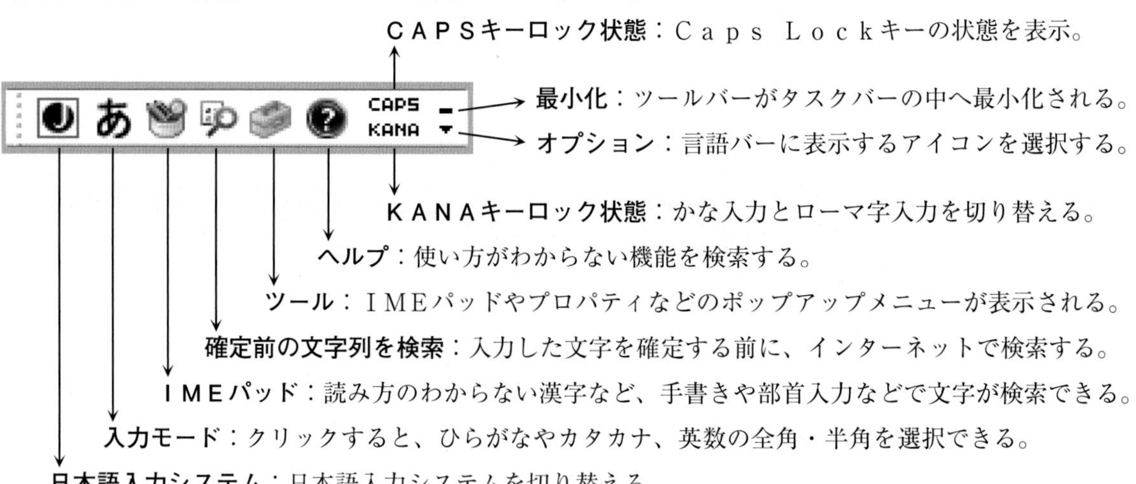

CAPSキーロック状態：Caps Lockキーの状態を表示。
最小化：ツールバーがタスクバーの中へ最小化される。
オプション：言語バーに表示するアイコンを選択する。
KANAキーロック状態：かな入力とローマ字入力を切り替える。
ヘルプ：使い方がわからない機能を検索する。
ツール：IMEパッドやプロパティなどのポップアップメニューが表示される。
確定前の文字列を検索：入力した文字を確定する前に、インターネットで検索する。
IMEパッド：読み方のわからない漢字など、手書きや部首入力などで文字が検索できる。
入力モード：クリックすると、ひらがなやカタカナ、英数の全角・半角を選択できる。
日本語入力システム：日本語入力システムを切り替える。
CAPS
KANA
あ

⑶ 補足

①Ｃａｐｓ Ｌｏｃｋ

このキーが有効になっていると、英字入力のときに大文字で入力される。

Ｓｈｉｆｔ ＋ ＣａｐｓＬｏｃｋ で有効／解除の切り替えができる。

②かな入力

このキーが有効になっていると、かな入力となり、ローマ字入力ができない。

Ａｌｔ ＋ カタカナ　ひらがな で有効／解除の切り替えができる。

③Ｎｕｍ Ｌｏｃｋ

テンキーとカーソルキーの機能を切り替える機能がある。

Ｎｕｍ Ｌｏｃｋ でテンキー／カーソルキーの切り替えができる。

⑷ タッチタイピングの姿勢

①イスに深く腰掛け、背筋をまっすぐ伸ばし、両足は床につける。

②正面を向き、あごをひく。

③目の高さは、ディスプレイの上端くらいになるように。

④肩の力を抜き、ひじを脇に軽くつけＬ字に曲げ、手をキーボードにのせる。

●文字入力練習

パソコンでの文字入力は、キーボードで行う。正確で素早い入力を行うためにも、キーボード上のキーの位置を覚えるとともに、ホームポジションを守るように心がけながら入力すること。

ホームポジションについて

ホームポジションとは、キーボードを見ないで入力をするタッチメソッドの際に、指を置く正しい位置のことをいう。

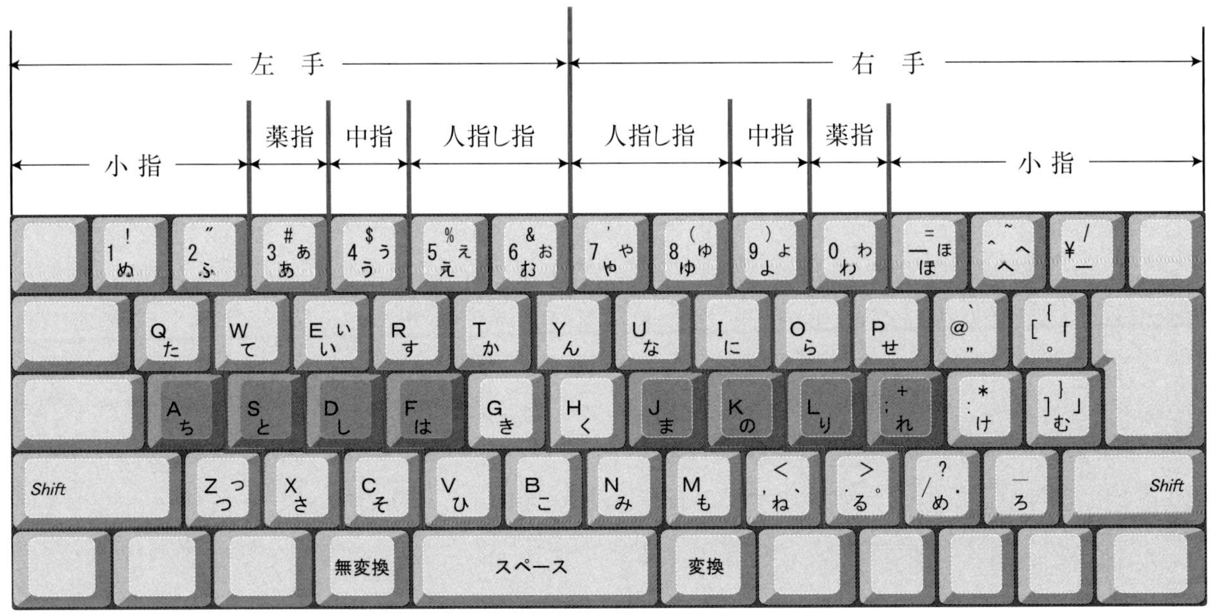

キーボードには、ホームポジションの位置を表すため、左手人差し指の“Ｆ”と、右手人差し指の“Ｊ”の位置に、突起などがある。これを利用して、打ったらホームポジションに戻る動作を心がけておくこと。

●英数字入力練習

※準備　①入力モードを「全角英数」に切り替える。
②Ｃａｐｓ　Ｌｏｃｋ　を有効にして、大文字入力にする。

練習１（２列目の練習）

ＦＪＦＪＦＪ　ＤＫＤＫＤＫ　ＳＬＳＬＳＬ　Ａ；Ａ；Ａ；　ＧＨＧＨＧＨ　ＦＪＨＧＦＪ
ＦＤＳＡＦＡ　ＪＫＬ；Ｊ；　ＧＦＤＳＡＧ　ＨＪＫＬ；Ｈ　；Ｇ：Ｈ］Ｊ　Ｇ］Ｈ：Ｊ；

練習２（１・２列目の練習）

ＲＥＷＱＴＲ　ＵＩＯＰＹＵ　ＴＲＥＷＱＴ　ＹＵＩＯＰＹ　ＱＥＴＹＩＰ　ＷＲＴＹＵＯ
ＡＷＤＱＳＥ　；ＯＫＰＬＩ　ＤＥＲＦＧＴ　ＫＩＵＪＨＹ　ＦＧＴＹＨＪ　］：；Ｐ＠［
ＡＹＨＱＧＴ　ＳＵＪＷＨＹ　ＤＩＫＥＪＵ　ＦＯＬＲＫＩ　ＧＰ；ＴＬＯ　Ｈ＠：Ｙ；Ｐ

練習３（２・３列目の練習）

ＺＸＣＶＢＺ　／．，ＭＮ／　ＢＶＣＸＺＢ　ＮＭ，．／Ｎ　￥ＺＢＮ／Ｘ　Ｘ．Ｚ／ＢＮ
ＡＺＸＳＤＣ　／；Ｌ．，Ｋ　ＤＣＶＦＮＨ　Ｌ．／；：￥　ＧＢＮＨＶＦ　］￥：／；．
ＡＺ／；￥：　ＳＸ．ＬＦＪ　ＤＣ，ＫＡ］　ＦＶＭＪＺ￥　］￥ＨＢＮＧ　ＧＮＡ￥Ｚ］

練習４（１～３列目の練習）

ＡＢＣＤＥＦＧＨＩＪＫＬＭＮＯＰＱＲＳＴＵＶＷＸＹＺ
ＡＢＣＤＥＦＧＨＩＪＫＬＭＮＯＰＱＲＳＴＵＶＷＸＹＺ
ＦＵＪＩＳＡＮ　ＢＩＷＡＫＯ　ＯＳＨＡＭＡＮＢＥ　ＡＯＭＯＲＩ　ＩＢＡＲＡＫＩ
ＦＵＪＩＳＡＮ　ＢＩＷＡＫＯ　ＯＳＨＡＭＡＮＢＥ　ＡＯＭＯＲＩ　ＩＢＡＲＡＫＩ
ＳＨＩＺＵＯＫＡ　ＣＨＩＢＡ　ＥＨＩＭＥ　ＳＨＩＭＡＮＥ　ＫＡＧＯＳＨＩＭＡ
ＳＨＩＺＵＯＫＡ　ＣＨＩＢＡ　ＥＨＩＭＥ　ＳＨＩＭＡＮＥ　ＫＡＧＯＳＨＩＭＡ

練習５（数字列の練習）

Ｆ１Ｆ２Ｆ３Ｆ４Ｆ５Ｆ６Ｊ７Ｊ８Ｊ９Ｊ０Ｊ－Ｊ＾Ｊ￥
Ｆ１Ｆ２Ｆ３Ｆ４Ｆ５Ｆ６Ｊ７Ｊ８Ｊ９Ｊ０Ｊ－Ｊ＾Ｊ￥
￥２８４　￥３９５　￥１９７　￥２０８　￥４１８　￥５２９　￥４２８　￥５３９
￥２８４　￥３９５　￥１９７　￥２０８　￥４１８　￥５２９　￥４２８　￥５３９

●かな入力練習

※準備　①入力モードを「ひらがな」に切り替える。
②Ｃａｐｓ　Ｌｏｃｋ　を解除する。

練習１（清音（せいおん）の練習）

あいうえお　かきくけこ　さしすせそ　たちつてと　なにぬねの
はひふへほ　まみむめも　やゆよ　らりるれろ　わをん
あいうえお　かきくけこ　さしすせそ　たちつてと　なにぬねの
はひふへほ　まみむめも　やゆよ　らりるれろ　わをん

練習 2 (濁音・半濁音の練習)

がぎぐげご　ざじずぜぞ　だぢづでど　ばびぶべぼ　ぱぴぷぺぽ

練習 3 (清拗音の練習)

きゃきゅきょ　しゃしゅしょ　ちゃちゅちょ　てゃてゅてょ　にゃにゅにょ
ひゃひゅひょ　ふゃふゅふょ　みゃみゅみょ　りゃりゅりょ　ふぁふぃふぇふぉ

参考

きゃきゅきょ　しゃしゅしょ　ちゃちゅちょ　てゃてゅてょ　にゃにゅにょ
kyakyukyo　syasyusyo　tyatyutyo　thathutho　nyanyunyo
ひゃひゅひょ　ふゃふゅふょ　みゃみゅみょ　りゃりゅりょ　ふぁふぃふぇふぉ
hyahyuhyo　fyafyufyo　myamyumyo　ryaryuryo　fa fi fe fo

練習 4 (濁拗音・半濁拗音の練習)

ぎゃぎゅぎょ　じゃじゅじょ　ぢゃぢゅぢょ　でゃでゅでょ　びゃびゅびょ　ぴゃぴゅぴょ

参考

ぎゃぎゅぎょ　じゃじゅじょ　ぢゃぢゅぢょ　でゃでゅでょ　びゃびゅびょ　ぴゃぴゅぴょ
gyagyugyo　jyajyujyo　dyadyudyo　dhadhudho　byabyubyo　pyapyupyo
ja ju jo

練習 5 (促音の練習)

きって　とっぷ　らっぱ　ずっと　もっと　あっぷ　まっぷ　いっぽ　かっと　すっと
がっこう　さっそう　ぶろっく　じっさい　ろぼっと　すたっふ　きっちん　ぐりっど

参考

小さい「っ」(促音) は、そのあとにくる言葉の子音を連続で押して入力する。
きって　とっぷ　らっぱ　ずっと　もっと　あっぷ　まっぷ　いっぽ　かっと　すっと
kitte　toppu　rappa　zutto　motto　appu　mappu　ippo　katto　sutto

練習 6 (長音記号の練習)

カード　オート　エラー　トナー　ロール　ボール　サーブ　リターン　スペース　ペースト
プレート　ニュース　ペーパー　モーター　レーダー　キーワード　ショートケーキ

練習 7 (カタカナの練習)

オプション　ファッション　ケチャップ　ファミリー　チョコレート　キャリアアップ
フォーキャスト　コミュニケーション　パーティー　ウォーミングアップ　ヴィーナス

参考

パーティー　ウォーミングアップ　ヴィーナス
pa−thi−　who−minnguappu　vi−nasu
ティ (thi)　ウォー (who−)　ヴィ (vi)　ヴァ ヴィ ヴェ ヴォ (va vi ve vo)

練習 8 (単漢字変換の練習)

雨　石　海　駅　王　川　北　草　計　恋　坂　島　砂　席　外　玉　父　月
点　時　何　西　布　年　能　花　人　船　辺　本　前　耳　虫　飯　森　山
夕　洋　楽　陸　類　列　労　枠

練習 9 (熟語の練習)

相手　一般　運用　影響　大幅　機関　苦情　建設　高校　最近　数値　生活
促進　誕生　調達　追加　手帳　当初　内容　人気　燃料　販売　品種　普通
返済　毎年　密度　夢中　目標　有名　来場　料金　留守　連休　路上　割引

●文章入力練習

文章を正確に素早く入力するには、効率のよい変換を行うことが大切である。効率のよい変換方法の一つとして、文節変換がある。

ホームポジションを守るように心がけ、１行の文字数を３０字に設定して入力すること。

【文節変換（文節単位で入力し、変換する方法）**】**

・文章中の■の箇所で、スペースキーなどを使って変換する。

・文章中の●の箇所で、エンターキーなどを使って文字を確定する。

練習 1

わたしは、■こうこうで■おおくの■ゆうじんを■つくりたいです。■

入力結果

私は、高校で多くの友人を作りたいです。

練習 2

しっかり●べんきょうして、■しょうらいは、■ひとの■やくに■たつ■
しごとに■つきたいです。■

入力結果

しっかり勉強して、将来は、人の役に立つ仕事に就きたいです。

【短文入力（短い文章を正確に入力する）**】**

・文節変換ができるようになったら、少しまとまった文章を入力して変換〈無変換〉で文字を確定する。

練習 3

日常生活の中で、■小さなことでも■メモを■取るという■習慣は大切で■ 30
ある。●手帳や紙片に、■忘れては■いけないことなどを●常に書き留めて■ 60
おくとよい。● 67

3 ウォーミングアップ問題

1回 1行の文字数を30字に設定して入力しなさい。ただし、フォントの種類は明朝体とし、プロポーショナルフォントは使用しないこと。（制限時間　10分）　☆書式設定と印刷は時間外

　多くの人が使っている道具の一つに、文房具が挙げられる。鉛筆 30
や消しゴム、定規など勉強には欠かせないものである。近年では、 60
昔では考えられなかった商品が登場し、大きな反響を呼ぶとともに 90
定番の商品として使用する機会も増えている。 112
　消せるボールペンや芯が折れないシャープペンシルは、その一例 142
である。毎年、メーカーは商品にさまざまな工夫を加えて、新たな 172
商品を生み出している。今後、文房具がどのような進化をとげてい 202
くのか楽しみだ。 210

	総字数 －	エラー数 ＝	純字数
月　　日			
月　　日			

文房具（ぶんぼうぐ）　挙げられる（あげられる）
定規（じょうぎ）　芯（しん）

2回 1行の文字数を30字に設定して入力しなさい。ただし、フォントの種類は明朝体とし、プロポーショナルフォントは使用しないこと。（制限時間　10分）

　元日の朝、家族がそろって「お雑煮」を食べ、新年を祝うのは、 30
室町時代から続いてきた、わが国独特の正月の慣習である。お雑煮 60
には、中のモチが長く伸びるので、めでたいことがいつまでも続く 90
ようにという願いが込められている。 108
　お雑煮には、地方により、モチの形や具の種類、汁の作り方など 138
に様々な特徴がある。中でもモチの形では、西日本地方が丸モチで 168
あるのに対して、東日本地方では、のしモチを四角に切った角モチ 198
が用いられているという。 210

	総字数 －	エラー数 ＝	純字数
月　　日			
月　　日			

元日（がんじつ）　雑煮（ぞうに）
独特（どくとく）　慣習（かんしゅう）

3回

1行の文字数を30字に設定して入力しなさい。ただし、フォントの種類は明朝体とし、プロポーショナルフォントは使用しないこと。（制限時間　10分）

夏の期間に、標準時間を早める制度をサマータイムという。明る 30
い時間が長い季節に、時間を有効に利用しようとするものである。 60
エネルギーの節約にも役立ち、自由な時間が有効に活用されるなど 90
経済的な効果もある。 101

一方で、標準時間を変更する作業が必要となる。鉄道などのダイ 131
ヤは、変更しなければならない。また、企業などのコンピューター 161
システムの改修も必要となる。さらに、生活リズムが変わるため、 191
体調に悪い影響があるという見方もある。 210

	総字数	− エラー数	＝ 純字数
月　日			
月　日			

標準（ひょうじゅん）　制度（せいど）
改修（かいしゅう）　影響（えいきょう）

4回

1行の文字数を30字に設定して入力しなさい。ただし、フォントの種類は明朝体とし、プロポーショナルフォントは使用しないこと。（制限時間　10分）

人生には波のような起伏があり、誰でも時として困難に出会うこ 30
とがある。例えば受験などで苦しい勉強をしている時、余りの難し 60
さに問題への取り組みをあきらめてしまいたくなる心境に陥るが、 90
しかしそれは苦しさから逃れたいという一時のことだけであり、や 120
がて時が過ぎれば栄光は必ずやってくると信じたい。 145

その時だけの困難に負けてしまわずに、常に将来への明るい展望 175
を持つ。この大切さは「冬来たりなば、春遠からじ」という言葉で 205
表される。 210

	総字数	− エラー数	＝ 純字数
月　日			
月　日			

起伏（きふく）　心境（しんきょう）
陥る（おちいる）　展望（てんぼう）

5回

1行の文字数を30字に設定して入力しなさい。ただし、フォントの種類は明朝体とし、プロポーショナルフォントは使用しないこと。（制限時間　10分）

人間の体の大部分は水でできている。成人で約６割、生まれたば 30
かりの新生児だと、約８割が水だといわれている。また、体の中の 60
水分は、酸素や栄養素を溶かし込んで細胞に運び、不必要で有害な 90
老廃物を体外に出す役割を担っている。 109
体内の水分の約２割を超えると、生命に危険が起こるといわれて 139
いる。みずみずしい体と心の健康には、水は欠かせない。水の奇跡 169
によって生まれた私たちの生命は、ウォーターパワーが大きな支え 199
となっているのである。 210

	総字数 －	エラー数 ＝	純字数
月　　日			
月　　日			

新生児（しんせいじ）　酸素（さんそ）
老廃物（ろうはいぶつ）　奇跡（きせき）

6回

1行の文字数を30字に設定して入力しなさい。ただし、フォントの種類は明朝体とし、プロポーショナルフォントは使用しないこと。（制限時間　10分）

もちもちとした食感のタピオカは、南米原産のイモの一種が原料 30
である。黒くて丸く、ほんのりとした甘みがあり、ミルクティーな 60
どのドリンクの中に入っている。女性や若者たちに、とても人気が 90
ある。 94
タピオカを作るには、イモから取り出したでんぷんを水で溶き、 124
加熱する。その後、特別な機械に入れて回転させると球状に加工さ 154
れる。これが、白い色をしているタピオカパールだ。色付けは、水 184
で溶く前に行う。２時間ほどゆでると、あの食感になる。 210

	総字数 －	エラー数 ＝	純字数
月　　日			
月　　日			

南米原産（なんべいげんさん）　一種（いっしゅ）
溶く（とく）　球状（きゅうじょう）

1回 次の文書を入力しなさい（ヘッダーには学年、組、番号、名前を入力すること）。
〔設定〕１行30字、１頁21行　　（制限時間　15分）

令和６年５月１０日

社員各位

つり同好会

つり大会のお知らせ

さわやかに晴れた空に、心も躍る季節となりました。このたび、つり同好会では、初夏の一日を湖畔で過ごす、楽しい計画を立てました。ご家族の皆さんも奮ってお申し込みください。

仕掛けやつり竿などの道具はこちらで準備します。また、当日の昼食もこちらで用意します。

なお、くわしくは申込者にお知らせします。

記

１．日　時　　６月１６日（日）９時から１５時まで
２．場　所　　当社、十和田湖社員寮付近
３．締切日　　５月３１日（金）
４．申込先　　総務部　中田幸一

以上

躍る（おどる）　過ごす（すごす）
竿（さお）　社員寮（しゃいんりょう）

2回 次の文書を入力しなさい（ヘッダーには学年、組、番号、名前を入力すること）。
〔設定〕１行30字、１頁21行　（制限時間　15分）

令和６年９月２０日

課　長　各　位

総　務　課　長

記念誌の原稿依頼について

　みなさんもご存じのとおり、わが社は、来年４月に創立５０周年を迎えます。その記念事業の一環として、創立５０周年の記念誌を発行します。

　つきましては、下記の要領で各課の歴史や業績、従業員の横顔など原稿執筆をお願いします。なお、原稿はメールにて、期限までに総務課へ提出してください。

記

１．題　　名　　自由
２．原　　稿　　Ａ４判　４０字４０行　３枚程度
　　　　　　　　写真などを挿入してもよい。
３．締め切り　　１１月３０日

以　上

一環（いっかん）　要領（ようりょう）
業績（ぎょうせき）　執筆（しっぴつ）

3回 次の文書を入力しなさい（ヘッダーには学年、組、番号、名前を入力すること）。
〔設定〕１行30字、１頁21行　（制限時間　15分）

令和６年７月５日

社　員　各　位

厚　生　課　長

秋季健康診断のご案内

本年度の秋季定期健康診断を下記の要領で実施します。社員は必ず全員受診してください。

なお、業務の都合などで指定日時に受診できない方は、９月２日までに厚生課・上野にご連絡願います。当日の場合は、内線２８に直接電話してください。

記

１．日　時　　男性　９月　６日（金）午前　９時～午後３時
　　　　　　　女性　９月１３日（金）午前１０時～午後４時
　　　　　　　（両日とも正午から午後１時まで休診）
２．場　所　　本社４Ｆ医務室
３．その他　　詳細は別紙にて

以　上

健康診断（けんこうしんだん）　実施（じっし）
休診（きゅうしん）　医務室（いむしつ）

4回 次の文書を入力しなさい（ヘッダーには学年、組、番号、名前を入力すること）。
〔設定〕１行30字、１頁20行 （制限時間　15分）

令和６年１１月１２日

営業所長　各位

営　業　部　長

新製品説明会について

当社では、来年１月から新製品の販売を開始することが決定しておりました。これに合わせて、下記のように説明会を開催することとなりました。

つきましては、参加希望者を集約し、申込用紙に記入の上、担当者へ提出してください。なお、座席数の関係から、満席になった時点で締め切らせていただきますので、あらかじめご了承ください。

記

１．開催日時　　令和６年１２月１４日　午後２時より
２．開催場所　　本社ビル７階　第１会議室
３．担　　当　　営業部研修担当　田中（内線８５）

以　上

開催（かいさい）　集約（しゅうやく）
締め切る（しめきる）　了承（りょうしょう）

4 速 度 編

●文章入力練習

・変換をするときの注意

①誤字変換を避けるため、文節変換または連文節変換をするように心がけること。

②英語は全角英数字変換（Ｆ９キー）を使用すること。

→日本語入力をオフにすると、半角英数字入力になってしまうため。

③変換しても正しいカタカナが表示されない場合には、全角カタカナ変換（Ｆ７キー）を使用すること。

④ひらがなのまま表示したい場合には、無変換（エンターキー）を使用すること。

・１行の文字数を３０字に設定して、次の文章を打つこと。

【完成見本】

　携帯電話は、１９７９年に自動車電話としてスタートしてから、 30
３０年も経たないうちに、私たちの生活にとって、必需品といえる 60
まで普及した。現在では、契約登録件数が１億件超となっており、 90
国民の大多数が所有している時代となった。 111
　このようになった背景には、加入権の廃止や通話料金値下げもさ 141
ることながら、それ以上に電話機の技術革新があるといえる。開始 171
当時は通話しかできなかったが、今ではメールやカメラは標準で装 201
備されている。さらに、ＧＰＳを利用した道案内、テレビ視聴やイ 231
ンターネット利用という具合に、さらなる進化を見せている。 260
　わずか１００ｇ前後の重さしかない本体に、どのような機能を組 290
み込むのか、メーカーの模索は続いている。 310

【変換例】　■…変換（スペースキー）　●…無変換（エンターキー）
▲…全角英数字変換（Ｆ９キー）⇒２回押すと大文字になる。
▼…全角カタカナ変換（Ｆ７キー）

　携帯電話は、■１９７９年に■自動車電話として■スタートしてから、■
３０年も■経たないうちに、■私たちの■生活に■とって、●必需品と■いえる
まで●普及した。■現在では、■契約登録件数が■１億件超と■なっており、■
国民の■大多数が■所有している■時代と■なった。●
　このようになった●背景には、■加入権の■廃止や■通話料金値下げも■さ
ることながら、●それ以上に■電話機の■技術革新が■あるといえる。●開始
当時は■通話しか■できなかったが、●今では■メールや■カメラは■標準で■装
備されている。■さらに、●ＧＰＳ▲を●利用した■道案内、■テレビ▼視聴や■イ
ンターネット▼利用という■具合に、■さらなる●進化を■見せている。■
　わずか●１００ｇ▲前後の■重さしかない■本体に、■どのような●機能を■組
み込むのか、■メーカーの■模索は■続いている。■

3級速度部門審査例

○本書速度編は、審査基準・審査表を載せていません。下記の審査例にならって審査してください。
3級速度部門の合格基準は、純字数が300字以上です。審査は、審査基準をもとに減点方式です。

① 通 則

（1） 答案に印刷された最後の文字に対応する問題の字数を総字数とします。脱字は総字数に含め、余分字は総字数に算入しません。
※答案用紙の最後の文字が問題と違う場合は、問題文に該当する文字までを総字数とします。

（2） 総字数からエラー数を引いた数を純字数とします。エラーは、１箇所につき１字減点とします。

純字数 ＝ 総字数 － エラー数

（3） 審査基準に定めるエラーによって、問題に示した行中の文字列が、答案上で前後の行に移動してもエラーとしません。

（4） 禁則処理の機能のために、問題で指定した１行の文字数と違ってもエラーとしません。

（5） 答案上の誤りに、審査基準に定める数種類のエラーの適用が考えられるときは、受験者の不利にならない種類のエラーをとります。

② 審査例 （問題 **15回** より）

毎年春先になると、花粉症に悩まされる人が多い。花粉症の原因	30
となる植物は約６０種類ある。中でも一番多いのはスギ花粉による	60
もので、日本人の約４人に１人はスギ花粉症といわれる。	89
スギ花粉症がこのように増えたのは、戦後、焼けた都市や町に住	117
宅を作り復興を図るため、国の政策で全国の山に一斉にスギを植え	147
たことによる。スギの植林は１９７０年頃まで続いた。その頃植え	177
られたほとんどのスギの木がここ何年かで成熟期を迎え、全国あち	207
こちで大量に花粉を飛ばすようになったのである。	231
スギ花粉症対策として、林野庁では花粉の飛ばないスギの木が研	261
究されている。近年、各地の森で植林が始まっている。効果が出る	291
のは、すぐにではなく、２０年ぐらい先のことだ。	310

③ 審査例／審査箇所

10　20

毎年春先になると、花粉症に悩まされる人が多い。花粉症の原
因となる植物は約60種類ある。仲でも一番多いのはスギ花粉によ
②半角入力・フォントエラー（１エラー）　③誤字エラー（１エラー）
るもので、日本人の１人はスギ花粉症といわれる。
④脱字エラー（４エラー）
スギ花粉症がこのように増ｈｕｅえたのは、戦後、焼けた都市
⑤余分字エラー（１エラー）
や町に住宅を作り復興を図るため、国の政策で全国の山に一斉に
スギを植えたことによる。スギの植林は１９７０年頃まで続いた
、その頃植えられたほとんどのスギの木がここ何年かで成熟期を
⑥句読点エラー（１エラー）
迎え、全国あちこちで□□□大量に花粉を飛ばすようになったの
⑦スペースエラー（１エラー）
である。
スギ花粉症対策として、林野庁では花粉の飛ばないスギの木が
けんきゅう□□ｅｓ＠ｔされている。
⑧誤字エラー（２エラー）　⑨改行エラー（１エラー）
近年、各地の森で植林が始まっている。効果が出るのは、すぐに
ではなく、２０年ぐらい先のことだ。
⑩繰り返し入力エラー（１エラー）
毎年春先になると、花粉症に悩まされる人が多い。

①書式設定エラー（１エラー）

④ 審査結果

総字数３１０字、エラー数１４。つまり、**純字数２９６文字＝総字数３１０－エラー数１４** → ３級不合格

⑤　エラーの解説

番号	エラーの種類	エラーの内容	エラー数
①	書式設定エラー	問題で指定した１行の文字数を誤って設定した場合。 **１行文字数が30文字ではなく、29文字となった。**	**全体で１エラー**
②	半角入力 ・フォントエラー	半角入力や問題で指定された以外のフォントで入力した場合。 （例：プロポーショナルフォント入力や半角入力など） **「40」が半角入力のため。**	**全体で１エラー**
③	誤字エラー	問題文と異なる文字を入力した場合。 また、脱行の場合は、その行の文字数分。 **「中」が「仲」と入力されているため。**	該当する問題の誤字の文字数分がエラー **１エラー**
④	脱字エラー	問題文にある文字を入力しなかった場合。 **「１０人に」が入力されていないため。**	入力しなかった文字数分がエラー **４エラー**
⑤	余分字エラー	問題文にない文字を入力した場合。 **「ｈｕｅ」が入力されているため。**	余分に入力された該当箇所ごとにエラー **１エラー**
⑥	句読点エラー	句点（。）とピリオド（．）、読点（、）とコンマ（，）を混用した場合。 **「続いた。」が「続いた、」と入力されているため。**	混用した少ない方の文字数分がエラー **１エラー**
⑦	スペースエラー	問題文にあるスペースを空けなかった場合。 問題文にないスペースを空けた場合。 ※連続したスペースは、まとめて１エラーとする。 **「で大量に」が「で□□□大量に」と３文字分のスペースが入力されているため。**	**１エラー**
⑧	誤字エラー	問題文と異なる文字を入力した場合。 また、脱行の場合は、その行の文字数分。 **「研究」が「けんきゅう　　ｅｓ＠ｔ」と入力されているため。**	該当する問題の誤字の文字数分がエラー **２エラー**
⑨	改行エラー	問題文にある改行をしなかった場合。 問題文にない改行をした場合。 **「数年後」が改行されているため。**	**１エラー**
⑩	繰り返し 入力エラー	問題文を最後まで入力し終えたあと、繰り返し問題文を入力した場合。 **「　毎年春先に～」が繰り返し入力されているため。**	**全体で１エラー**

【上記以外のエラーについて】　　**※ただし、今回の審査例には含まれていません。**

※	印刷エラー	逆さ印刷、裏面印刷、審査欄にかかった印刷、複数ページにまたがった印刷、破れ印刷など、明らかに本人による印刷ミスがあった場合は、**全体で１エラー**とする。

■ 1回　3級 ■

1行の文字数を30字に設定して入力しなさい。ただし、フォントの種類は明朝体とし、プロポーショナルフォントは使用しないこと。（制限時間　10分）

☆書式設定と印刷は時間外

近年、有名な観光地では、オーバーツーリズムという問題が深刻 30
になっている。これは観光公害とも呼ばれ、多くの観光客が集中し 60
て混雑やマナー違反が増えることにより、地域住民からの不満が高 90
まることだ。 97
例えば、世界遺産の一つである富士山は、登山者の増加によって 127
環境への影響が危惧された。そのため、抑制を講じることが登録の 157
条件に加えられた。また、京都市は観光地に向かう路線バスの混雑 187
により、住民が乗車できないという課題に頭を悩ませている。 216
来日する観光客は、今後も増加が予想されている。政府は、交通 246
の規制緩和や観光需要の分散などの対策を進めるという。将来に渡 276
り魅力ある持続可能な観光地となるように、この問題の解決に期待 306
したい。 310

	総字数	− エラー数 =	純字数
月　日			
月　日			

危惧（きぐ）　抑制（よくせい）
規制緩和（きせいかんわ）　魅力（みりょく）

■ 2回　3級 ■

1行の文字数を30字に設定して入力しなさい。ただし、フォントの種類は明朝体とし、プロポーショナルフォントは使用しないこと。（制限時間　10分）

多くの業界で、人手不足の問題が深刻化している。私たちの生活 30
にも、その影響は広がっている。その一つとして、路線バスの減便 60
や廃止などが挙げられる。地方のみならず大都市でも起きており、 90
全国的に広がっている。 102
業界団体の試算によると、２０３０年には３万人以上の運転手が 132
不足するという。要因として賃金の低さに加えて、労働時間の長さ 162
がある。労働環境の改善に向けて、運賃の値上げを行うバス会社が 192
増えている。また、政府も運転手の残業時間に２０２４年４月から 222
上限を設けた。 230
人員確保に向けて、外国人が働けるようにするために、特定技能 260
への追加について検討も始まった。短期的には解決できない課題だ 290
が、公共交通の維持に向けた議論が重要だ。 310

	総字数	− エラー数 =	純字数
月　日			
月　日			

深刻化（しんこくか）　廃止（はいし）
挙げられる（あげられる）　維持（いじ）

■ 3回　3級 ■

１行の文字数を30字に設定して入力しなさい。ただし、フォントの種類は明朝体とし、プロポーショナルフォントは使用しないこと。（制限時間　10分）

　就職活動に、ツイッターやフェイスブックなどを活用するソー活 30
が大学生間で広まっている。学生が自分の経歴を企業向けに載せた 60
り企業が採用情報をフェイスブックに載せたりするものである。 90
　近年、学生の就職難と企業側の採用難が同時進行している。学生 120
は、自分にとってもっと良い会社や自分に合った仕事を選ぶ傾向が 150
強く、企業はさらに優秀な学生を採用したいという思いがある。 180
　この活動では、学生にとっては、情報収集のスピードを上げ、密 210
度を濃くすることが期待できる。また、企業にとっては、短期間で 240
自社のことを多くの学生に知ってもらえるメリットがある。新たな 270
学生と企業のコミュニケーションの場として、今後、注目されてい 300
くことが予想される。 310

	総字数	− エラー数	＝ 純字数
月　　日			
月　　日			

就職活動（しゅうしょくかつどう）　経歴（けいれき）
載せる（のせる）　濃く（こく）

■ 4回　3級 ■

１行の文字数を30字に設定して入力しなさい。ただし、フォントの種類は明朝体とし、プロポーショナルフォントは使用しないこと。（制限時間　10分）

　「おまけ」がブームである。おまけ付き菓子の売上高は１０年間 30
で２倍近く伸び、六百億円を超えた。少子化の時代に珍しい成長商 60
品といえる。精巧な人形の入ったチョコレート菓子が一月で約百万 90
個も売れたことでブームが始まった。その後も、昭和３０年代に使 120
われた道具や車のミニチュアをおまけに付けた菓子が、四千万個近 150
く売り上げる大ヒット商品となった。 168
　かつておまけは子供向けと相場が決まっていたが、今は大人が夢 198
中になっている。配送用の箱ごと買う人も多く、ネットでは驚くほ 228
ど高値で取引されることも珍しくない。 247
　それを支えているのは中年のおじさんである。特に、昭和をコン 277
セプトにしたおまけは、彼らに懐かしい少年時代を思い出させるら 307
しい。 310

	総字数	− エラー数	＝ 純字数
月　　日			
月　　日			

精巧（せいこう）　相場（そうば）
高値（たかね）　懐かしい（なつかしい）

5回　3級

１行の文字数を30字に設定して入力しなさい。ただし、フォントの種類は明朝体とし、プロポーショナルフォントは使用しないこと。（制限時間　10分）

塩を取りすぎると、病気になりやすいと思われているが、逆に塩 30
が不足すると、心臓病や脳卒中のリスクが高くなるというデータが 60
ある。塩は、体にとって大切なものであり、取り方には十分注意し 90
たいものだ。 97
人間の血液の塩分濃度は、約０．９％を保つ必要があり、それに 127
よって体液のバランスを保っている。そのため、塩分が不足すると 157
細胞の働きが悪くなり、健康被害に襲われる危険性が出てくる。 187
塩には、体を温める作用もあり、体の塩分が不足すると冷え性な 217
どが起こることもある。また体のいたる所にある塩は、体内でナト 247
リウムとして活躍している。筋肉を動かすのも塩の大切な役割であ 277
る。少なすぎるのも、危険であることを私たちは知っておくべきで 307
ある。 310

	総字数	－ エラー数 ＝	純字数
月　　日			
月　　日			

脳卒中（のうそっちゅう）　被害（ひがい）
襲う（おそう）　活躍（かつやく）

6回　3級

１行の文字数を30字に設定して入力しなさい。ただし、フォントの種類は明朝体とし、プロポーショナルフォントは使用しないこと。（制限時間　10分）

新聞やテレビで銀行関連の話題になったときに、自己資本比率と 30
いう言葉がよく使われている。これは、銀行などの金融機関がもつ 60
資産（融資など）総額に占める自己資本の割合を指している。この 90
比率は、銀行の経営状況を表す指標として用いられ、一般的には比 120
率が高いほど健全性が高いと評価される。 140
日本の自己資本比率の基準は、国際業務を行う銀行は８％、国内 170
業務のみを行う銀行は４％と規定されている。この基準を下回って 200
しまうと、金融庁から早期是正措置が発動され、業務改善指導を受 230
けることになるのである。場合によっては、業務停止命令が行われ 260
る可能性もある。このため銀行の経営者たちは、自己資本比率をい 290
かに高めていくかという努力を続けている。 310

	総字数	－ エラー数 ＝	純字数
月　　日			
月　　日			

融資（ゆうし）　指標（しひょう）
健全性（けんぜんせい）　是正措置（ぜせいそち）

■ 7回　3級 ■

１行の文字数を30字に設定して入力しなさい。ただし、フォントの種類は明朝体とし、プロポーショナルフォントは使用しないこと。（制限時間　10分）

「七色に輝く虹」と言われるように、日本では虹の色は７種類と 30
決まっている。赤・だいだい・黄・緑・青・あい・紫色である。と 60
ころが、欧米では一般的に虹は六色で描かれるところが多い。あい 90
色が抜けているのである。世界中にはもっと少なく、二、三色で表 120
す民族もいる。実際の虹そのものは変わらないので、どこで区切る 150
かの違いによる。虹に限らず、色の認識・表現は、国や人びとの言 180
葉、文化により大きく異なる。 195
日本語には、他の言語に比べて多種多様な色の表現がある。伝統 225
色の一覧表には、赤系統だけでも、ぼたん、深紅、えんじ、朱、小 255
豆、柿など微妙に違う数十種類の色が載っている。数々の伝統的な 285
色の名前から、日本人の繊細な色彩感覚がうかがえる。 310

	総字数	− エラー数	＝ 純字数
月　　日			
月　　日			

輝く（かがやく）　認識（にんしき）
微妙（びみょう）　繊細（せんさい）

■ 8回　3級 ■

１行の文字数を30字に設定して入力しなさい。ただし、フォントの種類は明朝体とし、プロポーショナルフォントは使用しないこと。（制限時間　10分）

わが国では、家族構成が１９６０年ごろより大きく変化し、核家 30
族化が進行していった。世帯人員の減少や家庭電化製品の普及、既 60
製品などが中心の衣生活に伴い、女性の家事労働にたずさわる時間 90
は大幅に減少した。これは既婚女性の社会進出を加速させ、それま 120
でと比べて家計にゆとりがみられるようになった要因でもある。 150
衣生活に対する意識の変化は、わずか半世紀で、和服中心から洋 180
服中心へと、また、着るものがあればよいという時代から自己表現 210
のために着る時代へと変わっていった。 229
そして今、人々は物質的な豊かさだけではなく、心の豊かさや精 259
神的な豊かさを求める時代になった。このような社会実現に、私た 289
ちは真剣に取り組んでいかなければならない。 310

	総字数	− エラー数	＝ 純字数
月　　日			
月　　日			

世帯人員（せたいじんいん）　普及（ふきゅう）
既製品（きせいひん）　既婚（きこん）

■ 9回　3級 ■ 1行の文字数を30字に設定して入力しなさい。ただし、フォントの種類は明朝体とし、プロポーショナルフォントは使用しないこと。（制限時間　10分）

　私たちの生活に身近な小売店として、コンビニエンスストアが挙 30
げられる。現在では全国に５万店以上もあり、その数は小売業の中 60
でも突出している。年中無休や２４時間営業など利便性が高いこと 90
から、市街地や幹線道路沿いに立地店舗が多い。 113
　もともとは、アメリカで氷を販売していた店が、需要が増える夏 143
に営業時間を延長し、食料品や日用品も扱ったことが始まりとされ 173
ている。日本では、１９７０年代以降に出店が進む中で、公共料金 203
の支払いやコピー機の設置などのサービスを拡充した。 229
　近年では、食品ロスや人手不足をはじめ、様々な問題も出てきて 259
いる。それらの解決に向け、新たな試みが検討されている。利便性 289
を維持しつつ、これからの変化に期待したい。 310

	総字数	ー エラー数 ＝	純字数
月　　日			
月　　日			

利便性（りべんせい）　幹線（かんせん）
需要（じゅよう）　拡充（かくじゅう）

■ 10回　3級 ■ 1行の文字数を30字に設定して入力しなさい。ただし、フォントの種類は明朝体とし、プロポーショナルフォントは使用しないこと。（制限時間　10分）

　海の水の満ち引きが月と太陽（特に月）の引力によって起きるの 30
はよく知られている。１日２回満潮と干潮を繰り返すが、引力が最 60
も強い大潮になると、干満の差は１０メートルを超える。 87
　このときは海水だけでなく、地球の表面も一緒に引っぱられてい 117
る。地球が毎日約２０センチメートル上下するのが観測されている 147
のだ。海の水や都市や山を乗せたまま地面が２０センチも上がるの 177
だから、引力のエネルギーの大きさが分かる。 199
　同様の現象は、実は人間の体にも起こっている。人体の８０パー 229
セントを占める水分は、引力によって海と同様に干潮と満潮を繰り 259
返している。この生物的な干満を「バイオタイド」といい、人間の 289
行動や心理にも少なからず影響を与えている。 310

	総字数	ー エラー数 ＝	純字数
月　　日			
月　　日			

干潮（かんちょう）　大潮（おおしお）
現象（げんしょう）　影響（えいきょう）

速度編

■ 11回　３級 ■ １行の文字数を30字に設定して入力しなさい。ただし、フォントの種類は明朝体とし、プロポーショナルフォントは使用しないこと。（制限時間　10分）

今、世界各地で、様々な環境問題や社会問題が発生している。そ 30
の問題解決のために私たちができることの一つに、エシカル消費が 60
ある。これは、人や社会、環境、地域に配慮したものやサービスを 90
選んで消費することで、安心・安全や品質、価格に次いで商品選択 120
の第４の尺度とも言われている。 136
地域社会が潤う地産地消、寄付つき商品、フェアトレード商品、 166
エコやリサイクル品、資源保護などの認証を得た商品などを選んで 196
購入することがエシカル消費である。 214
また、個人の消費だけでなく、企業としての取り組みでは、企業 244
の成長と消費者からの信頼を得るチャンスにも繋がる。これは、Ｓ 274
ＤＧｓの目標の１２番目である「つくる責任つかう責任」にも深い 304
関係がある。 310

	総字数	ー エラー数	＝ 純字数
月　　日			
月　　日			

配慮（はいりょ）　尺度（しゃくど）
潤う（うるおう）　繋がる（つながる）

■ 12回　３級 ■ １行の文字数を30字に設定して入力しなさい。ただし、フォントの種類は明朝体とし、プロポーショナルフォントは使用しないこと。（制限時間　10分）

トゲウオの雌は、同種の雄でも大きさが違えば敬遠するという。 30
一方、別の種類でも体の大きさが自分に近い雄を繁殖相手に選ぶと 60
いう。これは、生物の種が多様化するメカニズムのなぞに迫った結 90
果だ。自分のすむ環境に応じ体の大きさを変化させた上で、体の大 120
きさが違う相手を繁殖相手に選ばないことにより種を形成した。 150
トゲウオには、わき水の出る川や池に生息する淡水のものと、普 180
段は海にいて、産卵期だけ川をさかのぼるものの２種類がある。こ 210
れらは別の種類と考えられていた。北米や欧州、日本など世界の各 240
地からトゲウオを採集しお見合いをさせた。その結果、大きさが同 270
じなら淡水のものと海に生息するものという別種の間でも、繁殖で 300
きることを発見した。 310

	総字数	ー エラー数	＝ 純字数
月　　日			
月　　日			

雌（めす）　敬遠（けいえん）
繁殖（はんしょく）　生息（せいそく）

13回　３級

１行の文字数を30字に設定して入力しなさい。ただし、フォントの種類は明朝体とし、プロポーショナルフォントは使用しないこと。（制限時間　10分）

　地名見直しの動きが全国で起こっている。各地の伝統的な地名が　30
消えたのは、１９６２年に施行された「住居表示法」によるところ　60
が大きい。この法律は郵便配達や行政の効率を高める必要から、道　90
路や川で囲まれたブロックをひとつの町とした。そのため、昔なが　120
らの地名では対応できなかったのである。　140
　だが、地域の歴史や文化を見直し、それにふさわしい地名をと願　170
う人は少なくない。金沢市のように江戸時代から使われていた町名　200
を最近になって復活させた例もある。　218
　地名の見直しにはデメリットもある。実際に変更されたら、様々　248
な手続きなどに手間やお金もかかるだろう。しかし、地域の住民が　278
過去と未来も考えたうえで判断するなら、検討する価値はあるだろ　308
う。　310

	総字数	－ エラー数 ＝	純字数
月　　日			
月　　日			

伝統的（でんとうてき）　施行（しこう）
復活（ふっかつ）　検討（けんとう）

14回　３級

１行の文字数を30字に設定して入力しなさい。ただし、フォントの種類は明朝体とし、プロポーショナルフォントは使用しないこと。（制限時間　10分）

　年々増え続ける廃棄物をどう減らすかは、現代社会の大きな課題　30
となっている。リサイクルは有効な手段として考えられており、日　60
本では１９９７年から容器類、家電製品、食品、自動車などが回収　90
や再利用を義務づけられてきた。日常生活でも身近な行動として定　120
着しつつある。　128
　しかし、それでゴミの問題がすべて解決するわけではない。回収　158
にも再利用にもエネルギーは必要だしコストもかかる。技術が確立　188
していないため回収しても十分利用できないものもある。さらに、　218
焼却する方が環境に与える負荷が小さくて済む場合もある。これら　248
をふまえ、ゴミの問題解決をしていきたい。　269
　リサイクルを「免罪符」にしても、大量生産、大量消費の社会を　299
維持することは難しい。　310

	総字数	－ エラー数 ＝	純字数
月　　日			
月　　日			

廃棄物（はいきぶつ）　負荷（ふか）
免罪符（めんざいふ）　維持（いじ）

■ 15回　３級 ■

１行の文字数を30字に設定して入力しなさい。ただし、フォントの種類は明朝体とし、プロポーショナルフォントは使用しないこと。（制限時間　10分）

　毎年春先になると、花粉症に悩まされる人が多い。花粉症の原因 30
となる植物は約６０種類ある。中でも一番多いのはスギ花粉による 60
もので、日本人の約４人に１人はスギ花粉症といわれている。 89
　スギ花粉症がこのように増えたのは、戦後、焼けた都市や町並み 119
に住宅を作り、復興を図ったからである。国の政策で、全国の山に 149
一斉にスギを植えたことから始まった。その頃植えられたほとんど 179
のスギの木が、ここ何年かで成熟期を迎え、全国あちこちで大量に 209
花粉を飛ばすようになったのである。 227
　スギ花粉症対策として、林野庁では花粉の飛ばないスギの木が研 257
究されている。近年、各地の森で植林が始まっている。効果が出る 287
のは、すぐにではなく、２０年ぐらい先のことだ。 310

	総字数	ー エラー数	＝ 純字数
月　　日			
月　　日			

花粉症（かふんしょう）　町並み（まちなみ）
復興（ふっこう）　成熟期（せいじゅくき）

■ 16回　３級 ■

１行の文字数を30字に設定して入力しなさい。ただし、フォントの種類は明朝体とし、プロポーショナルフォントは使用しないこと。（制限時間　10分）

　国内でトランクルーム市場が拡大している。自宅で働くスペース 30
を確保するために、荷物を預ける人が増え、店舗数はファミリーレ 60
ストランの店舗数を上回る規模となっている。 82
　近年、都市部を中心としてテレワークが一般化したために、使用 112
頻度が少ない行事用品やバイク・タイヤなど、保管場所を取る物を 142
収納するために使用されていたトランクルームに、様々な使い方が 172
出てきた。 178
　ダンスや余興の練習、パーティーや作業スペースとして油絵で大 208
きな絵を書いたりするなど使い方は様々だ。だが、他の産業と比べ 238
て低コストで経営できる反面、安定した売り上げが見込めず、備品 268
の破損や近隣トラブルなど、解決しなければならない点も多く残さ 298
れているのも事実である。 310

	総字数	ー エラー数	＝ 純字数
月　　日			
月　　日			

店舗（てんぽ）　頻度（ひんど）
余興（よきょう）　近隣（きんりん）

17回　３級

１行の文字数を30字に設定して入力しなさい。ただし、フォントの種類は明朝体とし、プロポーショナルフォントは使用しないこと。（制限時間　10分）

　近年、短時間にある地域を襲う集中豪雨が増加している。従来の 30
天気分布予報は、３時間おきの降水量が１日に３回発表されるだけ 60
であるため、十分な対応は難しかった。そこで、１キロ四方という 90
狭い範囲ごとに、５分おきの降雨予想を発表できるシステムが開発 120
された。 125
　これは、降雨ナウキャストと呼ばれており、コンピュータを利用 155
して、気象レーダーとアメダスの観測情報を処理して予想を行う。 185
ナウキャストとは、予測を意味する言葉から生まれた造語で、現在 215
進行形の予報を意味する。 228
　この情報は、地方自治体や報道機関から提供される。１時間先ま 258
での降水の強さが、詳細に予測できるという。住民への被害が出る 288
前に、避難の指示が促せるよう運用に期待する。 310

	総字数　－	エラー数　＝	純字数
月　日			
月　日			

集中豪雨（しゅうちゅうごうう）　降雨（こうう）
造語（ぞうご）　運用（うんよう）

18回　３級

１行の文字数を30字に設定して入力しなさい。ただし、フォントの種類は明朝体とし、プロポーショナルフォントは使用しないこと。（制限時間　10分）

　山林の開発などで、流れこむ赤土が増えると、海では有害となる 30
過酸化水素が多く作られる。この物質ができる原因は、紫外線だと 60
されている。さらには、サンゴの白化への影響も心配される。 89
　サンゴのいる海域を含んだ、沖縄の２０か所で海水を集めて、水 119
質の違いによる過酸化水素の作られる速さを調べた。やり方は、海 149
水をガラス容器に入れて、人工の太陽光で照らし、生成の速さを測 179
る。そして、赤土が含む鉄イオンの濃度や、すべての汚れの指標と 209
なる光の吸収度を比べた。 222
　その結果、鉄分が多い海水がもっとも過酸化水素の生成が速く、 252
きれいな海域の１０倍以上だった。全体でも、汚れているほど生成 282
が速いことが分かった。生態系に悪影響が出るかもしれない。 310

	総字数　－	エラー数　＝	純字数
月　日			
月　日			

白化（はくか）　生成（せいせい）
指標（しひょう）　生態系（せいたいけい）

19回　3級

1行の文字数を30字に設定して入力しなさい。ただし、フォントの種類は明朝体とし、プロポーショナルフォントは使用しないこと。（制限時間　10分）

仕事でもプライベートでも使える手帳が人気を呼んでいる。高校 30
生なら、学校の行事や行事に向けての予定、家族や好きな人の誕生 60
日などを書き、社会人なら、仕事の予定や目標、進行状況、プライ 90
ベートの予定などを書き込んだりするものである。 114
手帳はさまざまな情報を記入して使うもので、今後の予定、つま 144
りは、未来の出来事を書くものである。また、何かに使えると思え 174
るアイデアや、気に入った文章や言葉を書き留めるなど、使い方は 204
人によってさまざまだ。 216
これからは、仕事や生活のスタイルに合わせて、最適なサイズや 246
タイプを早く見つけ、その手帳を見たり書いたりする回数が多いほ 276
ど、自分にとってのキャリアアップに、手帳が役立つのではないだ 306
ろうか。 310

	総字数	− エラー数 =	純字数
月　日			
月　日			

手帳（てちょう）　誕生日（たんじょうび）
書き留める（かきとめる）　最適（さいてき）

20回　3級

1行の文字数を30字に設定して入力しなさい。ただし、フォントの種類は明朝体とし、プロポーショナルフォントは使用しないこと。（制限時間　10分）

１１月３日の文化の日は、全国的に晴れることが多い。このよう 30
に特定の天気が高い確率で現れる日を「特異日」という。文化の日 60
は晴れの特異日として知られているが、雨や台風、寒さの特異日も 90
ある。 94
例えば、６月末から７月２日にかけては大雨が降りやすく、９月 124
１７日、２６日は大型台風の上陸が多い。さらにクリスマスや年末 154
には寒波が襲来する。 165
なぜ特定の日に特定の天気が多いのか、気象的に明確に説明でき 195
るわけではない。だが、行事を計画する時には参考になる。現に、 225
東京オリンピック（１９６４年）の開会式が１０月１０日と決めら 255
れたのは、過去のデータから晴れる確率が高かったからである。当 285
日は見事な秋晴れで、この日を選んで大正解であった。 310

	総字数	− エラー数 =	純字数
月　日			
月　日			

特異日（とくいび）　寒波（かんぱ）
襲来（しゅうらい）　現に（げんに）

21回　３級

１行の文字数を30字に設定して入力しなさい。ただし、フォントの種類は明朝体とし、プロポーショナルフォントは使用しないこと。（制限時間　10分）

　先進国では、合計特殊出生率の低下が非常に深刻な問題である。 30
これは、女性一人が１５歳から４９歳までの間に産む子どもの人数 60
を指す。一般的には、女性の社会への進出が進む先進国になるほど 90
低下傾向になるといわれている。 106
　日本の２０２２年の合計特殊出生率は１．２６で過去最低を記録 136
した。また、出生数も初めて８０万人を下回る約７７万人となり、 166
８年連続で減少となった。世界的に見ても、その低さは突出してい 196
る状況である。 204
　その一方で、同じように少子化に悩むフランスでは、育児休業中 234
の養育手当の充実など、少子化対策を実施したことで、出生率は、 264
回復傾向にあるという。日本でも、回復基調を取り戻すため、より 294
有効な少子化対策が望まれている。 310

	総字数	− エラー数 ＝	純字数
月　　日			
月　　日			

出生率（しゅっしょうりつ）　突出（とっしゅつ）
養育手当（よういくてあて）　充実（じゅうじつ）

22回　３級

１行の文字数を30字に設定して入力しなさい。ただし、フォントの種類は明朝体とし、プロポーショナルフォントは使用しないこと。（制限時間　10分）

　古傷がうずくから、明日は雨が降りそうだというのは、よく聞く 30
話である。雨が降る前には、リウマチや肩こり、頭痛がひどくなる 60
などの変化が起こりやすいという。ある医者は、テレビの天気予報 90
よりよく当たる患者さんもいるという。 109
　天気と傷には、関係があるといわれる。季節の変わり目には、気 139
圧と湿度の関係で体調が崩れる。例えば、深海にいくと体が縮み、 169
飛行機などで上空にいくと、体がむくんでくる。同様に、低気圧が 199
くると、体が膨張して、高山病や夏バテに近い症状になるのだ。 229
　気象の変化で引き起こされるものは気象病と呼ばれ、医学的にも 259
検証されている。対処として、ゆっくりお風呂に入って体を温めた 289
り、食事の塩分を控えたりすることが大切だ。 310

	総字数	− エラー数 ＝	純字数
月　　日			
月　　日			

深海（しんかい）　膨張（ぼうちょう）
高山病（こうざんびょう）　気象病（きしょうびょう）

23回　３級

１行の文字数を30字に設定して入力しなさい。ただし、フォントの種類は明朝体とし、プロポーショナルフォントは使用しないこと。(制限時間　10分)

　人間が地球上に現れたのは３００万年ほど前である。人はそのこ 30
ろ木や石を道具として使い、植物を採取したり狩猟をして生活して 60
いた。そして他の生物と同様、人間もまた自然界の一員として地球 90
の仲間として暮らしていた。 104
　ところが、鉄器時代を迎えるころから、人々は資源を使って地球 134
にはもともとなかったものを作り出し、その一部をごみとして捨て 164
たのである。最初はわずかな量だったが、増えたごみでだんだん自 194
然が破壊され始めた。 205
　特に２００年以上前にイギリスで起こった産業革命は、その量と 235
質をすっかり変えてしまった。最近では核廃棄物なども問題になっ 265
ているので、ごみについて世界中の人々が真剣に考え、行動しなけ 295
ればならない時が来たのである。 310

	総字数	ー エラー数 =	純字数
月　　日			
月　　日			

採取（さいしゅ）　狩猟（しゅりょう）
鉄器時代（てっきじだい）　核廃棄物（かくはいきぶつ）

24回　３級

１行の文字数を30字に設定して入力しなさい。ただし、フォントの種類は明朝体とし、プロポーショナルフォントは使用しないこと。(制限時間　10分)

　環境に優しいライフスタイルを確立することが大切である。私た 30
ちの生活は、天然資源を利用することによって繁栄し、豊かな毎日 60
を送ることができるようになった。その一例が、石油を中心とする 90
燃料である。 97
　燃料の中でも、自動車に利用されるガソリンや軽油は、燃焼させ 127
ることによって、動力源となっている。しかし、自動車の排気ガス 157
は、二酸化炭素や硫黄酸化物などが含まれており、大気汚染の一因 187
となっている。また、大型トラックなどの通行により、主要道路の 217
周辺は、振動や騒音に悩まされている。 236
　このように生活のレベルが向上した分だけ、私たちの環境を悪化 266
させている例は、数え上げたらきりがない。私たちは、環境をもっ 296
と大切にしなければならない。 310

	総字数	ー エラー数 =	純字数
月　　日			
月　　日			

繁栄（はんえい）　燃焼（ねんしょう）
硫黄酸化物（いおうさんかぶつ）　汚染（おせん）

25回　３級

１行の文字数を30字に設定して入力しなさい。ただし、フォントの種類は明朝体とし、プロポーショナルフォントは使用しないこと。（制限時間　10分）

　ハイブリッド自動車が、とても一般的になった。１９９７年に初 30
めて乗用車タイプが発売されて以来、保有台数は年々伸び続けて、 60
現在は多くの車種が売られている。 77
　この車は、Ｈｙｂｒｉｄ（雑種）の名のとおり、二つの動力源で 107
ある電動モーターとガソリンエンジンを搭載し、効率よく併用する 137
ことで大幅な燃費の向上と排出ガスの低減を実現した。燃費にして 167
従来のガソリン乗用車の平均の２倍以上、二酸化炭素の排出量は２ 197
分の１以下となっている。性能やデザイン的にも従来の車に何ら見 227
劣りせず、操作・燃料補給方法も変わらないといった点も増加の要 257
因にあげられる。 266
　使う側にとってみれば、特別に意識することなくこれまでと同じ 296
感覚で利用できるからである。 310

	総字数	− エラー数 =	純字数
月　　日			
月　　日			

雑種（ざっしゅ）　搭載（とうさい）
見劣り（みおとり）　補給（ほきゅう）

26回　３級

１行の文字数を30字に設定して入力しなさい。ただし、フォントの種類は明朝体とし、プロポーショナルフォントは使用しないこと。（制限時間　10分）

　窓を開け放つと、かすかに潮のにおいがした。アラビア海から生 30
まれたばかりの太陽が、暗い水面にまばゆい光の指を広げて、いま 60
水面を蹴っていく。 70
　のびやかに弧を描く海岸線と岸に寄り添う摩天楼街。ヤシの葉が 100
そよぐホテルの前をジョギングする男たちのシルエットが、朝もや 130
の中で揺れた。 138
　あい色の底にうごめくものがあった。道端に横たわる路上生活者 168
だ。西インドの一千万都市に、農村から仕事と夢を求めて日々流れ 198
込む人々である。大都市の光と影のコントラストを際立たせ、ボン 228
ベイの一日は明けていく。 241
　路上にインド風ミルクティのチャイを売る男の子がいる。チャイ 271
パウと呼ばれるお茶売りは、路上で一人生きる子供たちの典型的な 301
仕事であるという。 310

	総字数	− エラー数 =	純字数
月　　日			
月　　日			

開け放つ（あけはなつ）　弧を描く（こをえがく）
摩天楼街（まてんろうがい）　際立たせ（きわだたせ）

27回　３級

１行の文字数を30字に設定して入力しなさい。ただし、フォントの種類は明朝体とし、プロポーショナルフォントは使用しないこと。（制限時間　10分）

　少し前まで、ロボットといえば、工場で組み立てをする、あるい 30
は人間が行けない高い所や海底など危険な場所で仕事をするという 60
ように、産業用のイメージが強かった。しかし、最近開発と実用化 90
が急速に進み注目を集めているのは、家庭用のロボットである。 120
　例えばペット型は、犬や猫など本物に近い動作をし、声をかける 150
と反応して飼い主の遊び相手になる。介護用は、高齢者をベッドか 180
ら風呂に入れたり車いすに移したりして世話をする。家事用は、人 210
間に代わってそうじなど家庭の仕事の一部をこなす。留守番用は、 240
不審者の侵入や火災の発生をいち早く検知し、外出中の持ち主の携 270
帯電話に知らせる。このように、家庭用ロボットにも用途に合わせ 300
て様々な種類がある。 310

	総字数	− エラー数	＝ 純字数
月　日			
月　日			

介護（かいご）　代わって（かわって）
検知（けんち）　用途（ようと）

28回　３級

１行の文字数を30字に設定して入力しなさい。ただし、フォントの種類は明朝体とし、プロポーショナルフォントは使用しないこと。（制限時間　10分）

　南北アメリカ大陸の真ん中の、いちばん細くなっている一帯にあ 30
る５つの共和国を中米という。ここは１５世紀にコロンブスに発見 60
され、１６世紀以降おもにスペインの植民地として統治されたが、 90
１９世紀に相次いで独立した。その後内戦などで政治的に不安定な 120
時期が続いたが、１９９０年代に入って安定を取りもどし、少しず 150
つ経済復興も果たしている。 164
　中米は、かつてマヤ文明が栄えた地域で、いまでも各国に古代遺 194
跡が点在している。世界遺産に指定されているものも十数件あり、 224
貴重な観光資源となっている。また、世界でも有数の豊かな森林に 254
は、およそ２万種の植物、数千種の鳥類、数百種のほ乳動物が生息 284
し、その自然のすばらしさは世界中から注目されている。 310

	総字数	− エラー数	＝ 純字数
月　日			
月　日			

中米（ちゅうべい）　植民地（しょくみんち）
復興（ふっこう）　遺跡（いせき）

29回　３級

１行の文字数を30字に設定して入力しなさい。ただし、フォントの種類は明朝体とし、プロポーショナルフォントは使用しないこと。（制限時間　10分）

　昔は、デパートの最上階に大きな食堂があったものである。中に 30
は、客席の数が千席に達する店舗さえあった。６人から１０人用の 60
大家族向けに用意されたテーブル席が多くあり、子供のころ両親や 90
祖父、祖母に手を引かれて行った。必ず注文したものには、お子様 120
ランチがある。富士山型のケチャップライスの上に、旗が立ってい 150
るのが特徴であった。 161
　近年は、外食産業の専門店化などの影響に加え、核家族化が進ん 191
でいる。さらに、専門店やファミリーレストランなどでの外食が多 221
くなっている。幅広い世代を対象にして、多種多様なメニューをそ 251
ろえた、デパートの食堂は衰退した。子連れでも入りやすく、家族 281
が安心して食事を楽しめる場所であったが、本当に残念である。 310

	総字数	− エラー数	＝ 純字数
月　　日			
月　　日			

店舗（てんぽ）　特徴（とくちょう）
幅広い（はばひろい）　衰退（すいたい）

30回　３級

１行の文字数を30字に設定して入力しなさい。ただし、フォントの種類は明朝体とし、プロポーショナルフォントは使用しないこと。（制限時間　10分）

　最近、弁当に詰める主食と主菜、副食の表面積の割合を３対１対 30
２にするダイエット法が人気を呼んでいる。その理由は、弁当箱を 60
利用して、簡単にバランスがよい食生活の習慣を身につけることが 90
できるからだ。 98
　一般的に、健康によい食生活への関心は高いが、栄養素の知識を 128
学び、いちいちエネルギーを計算する方法では、長続きしないのが 158
現状である。また、これは特定の商品を食べたり、食事を制限した 188
りして減量するダイエット法とは異なる。 208
　自分に必要な食事の量や、栄養バランスを把握して、健康的な食 238
生活の習慣を身につけることにより、生活習慣病や肥満の予防がで 268
きる。夕食にも使えてわかりやすく、長続きしそうだ。効果が出る 298
ことを大いに期待したい。 310

	総字数	− エラー数	＝ 純字数
月　　日			
月　　日			

詰める（つめる）　異なる（ことなる）
把握（はあく）　肥満（ひまん）

31回　3級

1行の文字数を30字に設定して入力しなさい。ただし、フォントの種類は明朝体とし、プロポーショナルフォントは使用しないこと。（制限時間　10分）

人間は、ほぼ例外なく、人の助けを受けなければならない。この 30
助けを人類愛にすがっても無駄である。我々が食事を期待できるの 60
は、肉屋・魚屋・米屋の人類愛からではなく、彼らが自分自身の利 90
益を配慮して行動しているからである。 109
個人の利益を目指す投資が見えざる手に導かれて、社会の利益を 139
生んでいく。彼らは、社会の利益を生み出そうとしたのではない。 169
また、社会の利益をどれだけ生んでいるかも知らない。 195
外国産業に対抗してでも国内産業を維持するのは、自分の安全を 225
考えてのことである。生産物に付加価値をつけ、企業を維持するの 255
は、自分の安全を思うからである。この場合もまた、見えざる手に 285
導かれて自分では意識しない目的を達成したのである。 310

	総字数	－ エラー数 ＝	純字数
月　日			
月　日			

無駄（むだ）　配慮（はいりょ）
導かれる（みちびかれる）　維持（いじ）

32回　3級

1行の文字数を30字に設定して入力しなさい。ただし、フォントの種類は明朝体とし、プロポーショナルフォントは使用しないこと。（制限時間　10分）

高級住宅地の動物病院に、自動車に乗せられて猫がやってくる。 30
太った毛並みのよいペルシャ猫である。医師の診断によると病名は 60
腎臓病だそうである。最近はペットの間にこのような病気が増えて 90
いるという。 97
原因は、人間と同じで高カロリーの食事と塩分の取り過ぎと運動 127
不足である。入院費用は１週間で８万円もする。 150
ペットの食事にも人間と同様にグルメ化、多様化が見られる。当 180
然、中身も高級化した。中にはマグロの上にエビがのっているもの 210
まである。 216
単純な比較はできないが、わが国の猫が１缶約１３０円の缶詰を 246
食べている一方、開発途上国では一日の食費がわずか１００円程度 276
の人もいるという。日本がいかに豊かな国であるかを実感せざるを 306
得ない。 310

	総字数	－ エラー数 ＝	純字数
月　日			
月　日			

毛並み（けなみ）　腎臓病（じんぞうびょう）
缶詰（かんづめ）　開発途上（かいはつとじょう）

33回　３級

１行の文字数を30字に設定して入力しなさい。ただし、フォントの種類は明朝体とし、プロポーショナルフォントは使用しないこと。（制限時間　10分）

　カテキンを含んだ飲み物が、人気を集めている。カテキンとは、 30
ポリフェノールの一種で、緑茶や柿などの渋みを生み出す成分であ 60
る。昔から、抗酸化作用や抗菌・虫歯予防などに効果があることは 90
知られていた。だが、この人気のきっかけとなった商品を発売した 120
企業は、近年増加している生活習慣病の原因である体脂肪という言 150
葉を前面に出して、成功を収めた。まさに、現代人の心理をうまく 180
つかんだと言えるだろう。 193
　この企業は、販売に先立ち、飲用することが内臓脂肪やＢＭＩに 223
どういった変化をもたらすかという臨床試験を行った。その結果を 253
基に、厚生労働省から「特定保健用食品」の認可を受け、消費者に 283
対して、商品の有効性を効果的にアピールできたのである。 310

	総字数	ー エラー数 ＝	純字数
月　　日			
月　　日			

渋み（しぶみ）　抗菌（こうきん）
飲用（いんよう）　臨床試験（りんしょうしけん）

34回　３級

１行の文字数を30字に設定して入力しなさい。ただし、フォントの種類は明朝体とし、プロポーショナルフォントは使用しないこと。（制限時間　10分）

　首都圏などの大都市部を中心に、大型マンションの建設が次々と 30
行われている。これは、バブル経済崩壊後の地価下落により、都市 60
部でも以前より割安な価格で購入可能となったためである。また、 90
ここ数年続いている低金利政策によって、銀行の住宅ローンの貸出 120
金利がかなり低いことも、理由としてあげられるであろう。 148
　しかし、建設ラッシュに伴い、問題も表面化している。その多く 178
は、超高層化・大型化したマンションで起きている。都内のある行 208
政区は、特定地域内での建設の一時凍結を実施している。これは、 238
小学校の児童数が、受け入れ限度数を超えたため、緊急に行われた 268
措置である。そのほかに、景観を配慮した高さ規制などの実施を検 298
討している行政区もある。 310

	総字数	ー エラー数 ＝	純字数
月　　日			
月　　日			

地価（ちか）　凍結（とうけつ）
措置（そち）　景観（けいかん）

35回　3級

１行の文字数を30字に設定して入力しなさい。ただし、フォントの種類は明朝体とし、プロポーショナルフォントは使用しないこと。（制限時間　10分）

　国際連合の専門機関の一つに世界銀行がある。当初、この銀行は 30
戦争からの復興事業に資金を融資することを目的としていた。最近 60
では、発展途上国の開発などを助けるために、資金を融資すること 90
が主な仕事内容となっている。 105
　戦後は、日本も復興のために多額の資金を世界銀行から借りてい 135
た。東名高速道路や東海道新幹線、黒部ダムの建設などの事業にあ 165
てていた。１９９０年にすべての資金を返済し、今では世界有数の 195
資金出資国である。世界銀行は、出資金を各国が払い込んでいるも 225
のの、実際には、世界銀行債の発行によって資金を調達している。 255
現在、加盟国の数は１８９カ国であり、世界銀行の資金の使途に関 285
する責任などは、これらの加盟国が共同で負っている。 310

	総字数	－ エラー数	＝ 純字数
月　日			
月　日			

復興（ふっこう）　融資（ゆうし）
実際（じっさい）　使途（しと）

36回　3級

１行の文字数を30字に設定して入力しなさい。ただし、フォントの種類は明朝体とし、プロポーショナルフォントは使用しないこと。（制限時間　10分）

　連日、３５度を超える猛烈な暑さが続く日本列島で、蚊が少しず 30
つ減っているという話題を聞く。多くの蚊は、気温が１５度以上に 60
なると吸血を始め、２６度から３２度くらいで最も盛んに吸血運動 90
を行うという。 98
　蚊は最も多くの節足動物が媒介する感染症の流行に関わり、世界 128
中に約３６００種、日本国内にも、約１１０種がいるという。そし 158
て、二酸化炭素を検知して、体温の高い人間や場所を感知する。 188
　また、蚊の複眼は、人間のレンズ眼よりもはるかに性能の良い光 218
ファイバーで、３６０度の視野と紫外線を見分ける機能が付いてい 248
る。蚊は悪いイメージもあるが、物理工学など、様々な分野で最先 278
端のミクロテクノロジー技術の開発にも貢献しているのも事実であ 308
る。 310

	総字数	－ エラー数	＝ 純字数
月　日			
月　日			

猛烈（もうれつ）　媒介（ばいかい）
複眼（ふくがん）　紫外線（しがいせん）

37回　３級

１行の文字数を30字に設定して入力しなさい。ただし、フォントの種類は明朝体とし、プロポーショナルフォントは使用しないこと。（制限時間　10分）

　魚を丸ごと食べることができるように、骨まで軟らかく調理する 30
加工技術が開発された。煮魚や焼き魚の冷凍食品向けに、その技術 60
が使用されている。骨をとるのが面倒だという、魚嫌いの子供やお 90
年寄り向けに最適である。 103
　この調理方法は、蒸気で加熱しながら減圧したり、加圧したりす 133
る独自の技術である。うまみの成分を逃がさずに、骨を軟らかくで 163
きるという。皮や実は崩れないので、外見上は普通の煮魚と区別が 193
つかないのである。 203
　現在では、この技術を活用した魚が、人気商品として注目を集め 233
ている。この新商品は、骨まで全部食べられるので、カルシウムが 263
十分に摂取できると食品会社は強調している。これによって、子供 293
達が魚好きになることを期待したい。 310

	総字数	－ エラー数	＝ 純字数
月　　日			
月　　日			

軟らかく（やわらかく）　煮魚（にざかな）
崩れない（くずれない）　摂取（せっしゅ）

38回　３級

１行の文字数を30字に設定して入力しなさい。ただし、フォントの種類は明朝体とし、プロポーショナルフォントは使用しないこと。（制限時間　10分）

　スキミングという犯罪を、よく耳にするようになった。これは、 30
私たちが普段利用しているカードの磁気記録情報をスキマーという 60
機械で盗み出し、複製品を使用する行為をいう。 83
　この犯罪が怖いのは、被害が分かりにくいという点だ。請求書が 113
届いたり預金が引き出された時点で、初めて気が付く被害者がほと 143
んどだという。盗難とは違い、カード自体は手元に残るため、その 173
ような事態を招いている。実に巧妙な犯罪といわざるを得ない。 203
　これに対し、業界団体はスキミングを容易にすることができない 233
ＩＣカードの利用を推進している。さらに、４けたの暗証番号に代 263
わり、手の静脈を利用した生体認証の研究も進んでおり、多くの金 293
融機関ではすでに実用化されている。 310

	総字数	－ エラー数	＝ 純字数
月　　日			
月　　日			

盗難（とうなん）　巧妙（こうみょう）
推進（すいしん）　生体認証（せいたいにんしょう）

39回　３級

１行の文字数を30字に設定して入力しなさい。ただし、フォントの種類は明朝体とし、プロポーショナルフォントは使用しないこと。（制限時間　10分）

　地球の温暖化により、世界の平均気温はこの１００年で０．６度 30
も高くなっており、それに伴い海面の水位も上昇している。これに 60
は氷河や北極などの氷が解けたり、海水が熱で膨張したりといった 90
原因が考えられる。 100
　日本では、海面が１メートル上昇すると、現在の砂浜の９０％が 130
消失し、沿岸地域に大きな被害が出ると推測される。さらに、世界 160
各地の沿岸部には、人口も産業も集中しており、経済活動へも大き 190
な影響を与えると考えられる。 205
　また、沿岸部は動植物にとっても重要な生息地である。海面が高 235
くなれば、低地や湿原が水没したり、サンゴ礁やマングローブなど 265
が破壊されたりする可能性もある。地球を守るためにも、国同士が 295
連携して対処することが必要だ。 310

	総字数	－ エラー数	＝ 純字数
月　日			
月　日			

氷河（ひょうが）　膨張（ぼうちょう）
湿原（しつげん）　サンゴ礁（さんごしょう）

40回　３級

１行の文字数を30字に設定して入力しなさい。ただし、フォントの種類は明朝体とし、プロポーショナルフォントは使用しないこと。（制限時間　10分）

　酸性雨（Ａｃｉｄ　Ｒａｉｎ）という言葉が使われるようになっ 30
たのは１９世紀後半、イギリス産業革命の頃である。 55
　通常の雨は弱酸性で５．６程度のｐＨ（酸性度を表す値で７が中 85
性）を示す。さらにｐＨ値が低く酸性の強い雨が酸性雨で、植物が 115
枯れたり、湖の魚が死んだりといった被害が、今では世界中に広が 145
っている。 151
　原因となるのは、工場や自動車から排出される窒素酸化物や硫黄 181
酸化物である。この物質は気流に乗って遠くまで運ばれるため、発 211
生源から数千キロも離れたところに雨を降らせることもある。国境 241
を越えた被害は最初ヨーロッパ諸国で問題となった。日本でも最近 271
日本海側で観測される酸性雨は、中国から流れてくる排煙によるも 301
のといわれている。 310

	総字数	－ エラー数	＝ 純字数
月　日			
月　日			

枯れたり（かれたり）　窒素（ちっそ）
硫黄（いおう）　排煙（はいえん）

41回　３級

１行の文字数を30字に設定して入力しなさい。ただし、フォントの種類は明朝体とし、プロポーショナルフォントは使用しないこと。（制限時間　10分）

　目は、私たちにとって重要な感覚器の一つである。目の機能が低　30
下すると、日常生活への影響は、想像以上に大きなものになる。人　60
は、視覚による情報が約８割を占めているとも言われ、目は生活し　90
ていく上でとても頼りになる器官だ。　108
　目は、眼球と視神経、それに、まぶたや涙腺のような眼球付属器　138
から成り立っている。眼球の先端部分には、カメラのようなレンズ　168
がある。光は、このレンズ（水晶体）を通り抜けて、眼球の反対側　198
の網膜という内面をスクリーンとして画像を結ぶ。　222
　また、網膜に映し出された画像の情報は受容体細胞によって受け　252
入れられ、視神経を通って脳へと送られる。光の情報は、視覚野と　282
いう部分で再合成され、画像イメージとして意識されていく。　310

	総字数　－　エラー数　＝　純字数		
月　　日			
月　　日			

感覚器（かんかくき）　涙腺（るいせん）
網膜（もうまく）　受容体細胞（じゅようたいさいぼう）

42回　３級

１行の文字数を30字に設定して入力しなさい。ただし、フォントの種類は明朝体とし、プロポーショナルフォントは使用しないこと。（制限時間　10分）

　豆腐や納豆のパッケージには、遺伝子組み換え原料を使用してい　30
ないと表示する製品がある。同様の表示はポテトチップスやコーン　60
スープなどにも見られる。　73
　遺伝子組み換え作物は、収穫量が多く、害虫に強いなどの性質を　103
持った他の植物の遺伝子が埋め込んで作られる。１９９３年にアメ　133
リカで第１号が誕生して以来、トマトや大豆、ジャガイモなどで多　163
くの品種が生まれている。作付比率も大豆やトウモロコシ、綿花は　193
９０％に達している。　204
　日本では数十種類以上の輸入が承認されているが、安全性や生態　234
系への影響に不安を持つ人は多い。抵抗感がある、買いたくないと　264
いう人は７割を超え、反対運動も起こったため、原料として使用し　294
た食品には表示が義務づけられた。　310

	総字数　－　エラー数　＝　純字数		
月　　日			
月　　日			

遺伝子（いでんし）　収穫量（しゅうかくりょう）
栽培（さいばい）　生態系（せいたいけい）

43回　3級

1行の文字数を30字に設定して入力しなさい。ただし、フォントの種類は明朝体とし、プロポーショナルフォントは使用しないこと。（制限時間　10分）

　使用済みの外国切手などを封筒やはがきに貼り、そのデザインを 30
楽しむおしゃれな遊びが広がっている。日本にあまりなじみのない 60
国の切手は、文字も何と書いてあるか分からない。それだからこそ 90
純粋にデザインを楽しむことが出来ると好評だ。 113
　この古切手を、封筒の裏側にワンポイント用のシールとして使用 143
したり、半透明の用紙で手作りの封筒を作成し、中に入れる紙にこ 173
の切手を貼ってみたりと、アイデアは様々である。 197
　パソコンや携帯電話が全盛期の時代だからこそ、長い時間を掛け 227
て届くアナログの手紙は、温かさが見直されて新鮮に映る。そこに 257
遊び心を加える小道具の一つとして、手紙になじんだこの古切手が 287
注目されることは、大変ほほえましいことである。 310

	総字数	− エラー数	＝ 純字数
月　　日			
月　　日			

封筒（ふうとう）　貼り（はり）
好評（こうひょう）　全盛期（ぜんせいき）

44回　3級

1行の文字数を30字に設定して入力しなさい。ただし、フォントの種類は明朝体とし、プロポーショナルフォントは使用しないこと。（制限時間　10分）

　私たちは、できるだけ新鮮でおいしい食べ物を口にしたいという 30
願望がある。だから、売り場の産地直送や生け作りなどの言葉を見 60
ると、それだけで他の物よりもおいしいのではと想像しがちだ。そ 90
のため、最近では客の目の前で魚をさばいて販売する店も増えてき 120
ている。 125
　ところが、食品を研究している専門家からは、新鮮だからおいし 155
いというのは間違いだとする意見が出ている。例えば、魚は多少熟 185
成させた方がおいしいというのだ。これはうまみ成分の一つである 215
イノシン酸が出来るまで、釣り上げてから数時間かかることが理由 245
として挙げられている。魚以外にも、あらゆる食品でこうした誤解 275
はあるといわれており、消費者も正しい知識を持たなくてはならな 305
いだろう。 310

	総字数	− エラー数	＝ 純字数
月　　日			
月　　日			

産地直送（さんちちょくそう）　生け作り（いけづくり）
熟成（じゅくせい）　誤解（ごかい）

45回　３級

１行の文字数を30字に設定して入力しなさい。ただし、フォントの種類は明朝体とし、プロポーショナルフォントは使用しないこと。（制限時間　10分）

　日本の家計における金融資産の多くは、現金や預金として貯蓄に 30
まわる傾向が顕著である。しかし、ここ数年間でこうした傾向に変 60
化がおきている。それは、投資信託や国債といった分野への運用が 90
増加しているのだ。特に国債は、平成１５年に登場した個人向け国 120
債が安定性と有利な金利から人気が高くなっている。また、投資信 150
託でもリスクに応じた多様な商品がそろったことで、さまざまな組 180
み合わせでの選択がしやすくなっている。 200
　このような流れの背景には、超低金利政策による預金金利の低迷 230
や、ペイオフの全面解禁などによって、預金離れがおきたためと見 260
る専門家もいる。 269
　これを機会に、金融資産の運用方法について、じっくりと勉強し 299
てみるのもいいだろう。 310

	総字数 －	エラー数 ＝	純字数
月　　日			
月　　日			

貯蓄（ちょちく）　顕著（けんちょ）
投資信託（とうししんたく）　国債（こくさい）

46回　３級

１行の文字数を30字に設定して入力しなさい。ただし、フォントの種類は明朝体とし、プロポーショナルフォントは使用しないこと。（制限時間　10分）

　近ごろ、普段の生活の中に運動を取り入れることを意識する人が 30
増えている。実際に出社前や帰宅後よりも、通勤や帰宅途中に一つ 60
手前の駅で降りて歩いている人が多いという。ウォーキングをする 90
距離は、１キロから３キロ程度である。 109
　仕事が終わってから、ランニングをしたり、スポーツジムに通っ 139
たりする人も増えている。だが、通勤や帰宅のときに一駅分の距離 169
を歩くことが人気なのは、効率的であることが大きな理由といわれ 199
ている。 204
　お金もそれほどの時間もかからない気軽な運動が、健康の増進や 234
ダイエットなどを理由に、普段は運動をしない人に受けているのだ 264
ろう。体調に気を付けながら、あまり無理をしないで、気持ちよく 294
運動を続けていきたいものである。 310

	総字数 －	エラー数 ＝	純字数
月　　日			
月　　日			

普段（ふだん）　帰宅（きたく）
途中（とちゅう）　一駅（ひとえき）

47回　3級

1行の文字数を30字に設定して入力しなさい。ただし、フォントの種類は明朝体とし、プロポーショナルフォントは使用しないこと。（制限時間　10分）

東京の豊洲市場が、２０１８年１０月から取引を開始した。それ 30
に伴って８３年もの間、営業を続けてきた築地市場の幕が下りた。 60
この移転には、環境問題をはじめ多くの課題があったが、市場とし 90
ての機能は無事に引き継がれた。 106
築地市場は、関東大震災により被災した市場が、集まって営業を 136
開始したことから歴史が始まった。その後、生鮮品の良さや周辺の 166
食堂が、マスコミに取り上げられたことでブランド化していった。 196
ガイドブックにも掲載されて、国内外からの旅行者も訪れる観光地 226
となった。 232
築地には、移転の対象外となった場外市場が残っており、多くの 262
観光客が訪れて、食事や観光を楽しんでいる。再開発により、街が 292
どのような変化を見せるのか楽しみだ。 310

	総字数 －	エラー数 ＝	純字数
月　　日			
月　　日			

豊洲（とよす）　築地（つきじ）
被災（ひさい）　生鮮品（せいせんひん）

48回　3級

1行の文字数を30字に設定して入力しなさい。ただし、フォントの種類は明朝体とし、プロポーショナルフォントは使用しないこと。（制限時間　10分）

スキー場のリフト乗り場に、リフト券の自動改札システムが普及 30
している。基本的な仕組みは、各鉄道会社が使用している自動改札 60
と変わりはないが、利用者が手袋をしているうえ、ストックを持っ 90
ていることを考え、券を近づけるだけで有効かどうかを読み取る検 120
知器と組み合わせてあるところに特徴がある。 142
これは、利用者に３センチ角ほどの小さなＩＣカード券を購入さ 172
せる。この券を左胸に付けて、乗り場の検知器に近づくと、有効な 202
場合にはゲートが開く。券には、１日から３日までの期間券、５時 232
間などの時間券、回数券などがある。券の不正使用防止や売上管理 262
に威力を発揮し、時間を限って有効という新種のリフト券が、この 292
自動システムのおかげで登場している。 310

	総字数 －	エラー数 ＝	純字数
月　　日			
月　　日			

普及（ふきゅう）　検知器（けんちき）
威力（いりょく）　発揮（はっき）

49回　３級

１行の文字数を30字に設定して入力しなさい。ただし、フォントの種類は明朝体とし、プロポーショナルフォントは使用しないこと。（制限時間　10分）

　ここ数年、公立の小中学校は大きな変化の時代を迎えている。そ 30
の原因ともいえるのが学校選択制の導入である。これまでは、各市 60
区町村には学区が存在し、住んでいる地域で通う学校は決まってい 90
た。しかし、この制度が始まったことにより、自分で行きたい学校 120
を選択できるようになった。東京２３区だけ見ても、２０００年か 150
ら品川区で始まり、現在は、多くの区で採用されている。 177
　制度が導入された学校では、独自の特徴や創意工夫についてのア 207
ピールが必要に迫られた。もし評価されなければ、新入生がいなく 237
なり、存続できなくなる可能性があるからだ。少子化が進む中で、 267
教育現場では、勉強だけでなく、付加価値も問われる時代となって 297
きたといえるかもしれない。 310

	総字数	ー エラー数 ＝	純字数
月　　日			
月　　日			

迫られた（せまられた）　存続（そんぞく）
少子化（しょうしか）　付加価値（ふかかち）

50回　３級

１行の文字数を30字に設定して入力しなさい。ただし、フォントの種類は明朝体とし、プロポーショナルフォントは使用しないこと。（制限時間　10分）

　日本で初めて二輪自動車が試走したのは、明治２９年１月１９日 30
であるといわれている。この時に走ったのは、モータービークルと 60
いわれ、日本に最初に渡来したものであった。当時は、「石油発動 90
自転車」と呼ばれた。軌道に頼らず、路上を自由に走り回ることが 120
できる、最初のエンジン付き自動車を意味している。 145
　欧州では、モトラッド（モーターサイクル）が史上初めて量産さ 175
れた。それは、まだ四輪自動車が完成していなかったころに、ドイ 205
ツで発明された。そして即座に日本に輸入された。公開の試験が皇 235
居前広場で行われたのだ。まだ「自動車」という概念すらなかった 265
時の極東に到着した未知の乗り物だった。「一人乗りの汽車」と呼 295
ばれ、人々はその速力に驚いた。 310

	総字数	ー エラー数 ＝	純字数
月　　日			
月　　日			

渡来（とらい）　軌道（きどう）
量産（りょうさん）　概念（がいねん）

51回　３級

１行の文字数を30字に設定して入力しなさい。ただし、フォントの種類は明朝体とし、プロポーショナルフォントは使用しないこと。（制限時間　10分）

それまで和服しか着なかった日本人が洋服を着始めたのは、江戸 30
時代の終わりころのことだ。当時、日本にやってきた外国人の機能 60
的な服装を真似て、一部の武士が洋服を着た。 82
西洋文化を積極的に取り入れようとした明治時代には、警察官、 112
軍人、鉄道員の制服が洋服になった。鹿鳴館などの屋敷で開かれる 142
パーティーに集まる男女も、ドレスやタキシードなど華やかな洋装 172
をした。 177
大正時代の終わりころになると、一般の人も仕事や外出のときに 207
洋服を着るようになったが、家の中では大半の人がまだ着物を着て 237
過ごしていた。日本人が普段洋服を着るようになったのは、第二次 267
世界大戦より後のことである。現在では、和服が多くみられるのは 297
冠婚葬祭の時が多いようだ。 310

	総字数	− エラー数	＝ 純字数
月　　日			
月　　日			

真似て（まねて）　鹿鳴館（ろくめいかん）
屋敷（やしき）　冠婚葬祭（かんこんそうさい）

52回　３級

１行の文字数を30字に設定して入力しなさい。ただし、フォントの種類は明朝体とし、プロポーショナルフォントは使用しないこと。（制限時間　10分）

私たちの生活と密接な関係がある民生部門のエネルギー消費は、 30
大幅に膨れ上がっている。例えば、内閣府消費動向調査では、乗用 60
車などと並びエアコンが普及率を大きく伸ばしている。 86
日本におけるエネルギー消費量は、８０年代の後半から大きく伸 116
びている。特に、私たちが家庭内やオフィスで使用する民生部門の 146
伸びは目立っている。これは、エアコンなどの普及率が大きく関わ 176
っている。また、エネルギー問題とともに排出ガス問題も注目され 206
ている。 211
近年、家電機器の省エネ化と合わせて、全電化住宅も急速に伸び 241
ている。これからも、消費エネルギーの電力シフトがさらに大きく 271
なることが予想される。私たち一人ひとりが自覚して、省エネに気 301
を配る必要がある。 310

	総字数	− エラー数	＝ 純字数
月　　日			
月　　日			

密接（みっせつ）　膨れ上がる（ふくれあがる）
普及率（ふきゅうりつ）　自覚（じかく）

53回　3級

1行の文字数を30字に設定して入力しなさい。ただし、フォントの種類は明朝体とし、プロポーショナルフォントは使用しないこと。（制限時間　10分）

　夏になると小学生のころ臨海学校に行ったこと、明るい海の景色 30
と同時に浜辺で香ばしいにおいを漂わせて売っていたサザエのつぼ 60
焼きを思い出す。炭火の上にじかにのせられた巻き貝の丸いふたを 90
どかし、ぐつぐつ泡立つ汁に醤油を垂らしてもらうと、本当においしそうに思えた。 120
しそうに思えた。 129
　暑い日差しと潮風を全身に受けながら熱い貝の身を口一杯にほお 159
ばると、苦さと醤油の香ばしさのハーモニーが海の味を楽しませて 189
くれた。貝の底にある汁も残さずに飲んだものである。 215
　サザエは、波の荒い外海で育ったものは立派な角ができ、波の静 245
かな内海のものは角が大きくならないのだそうである。 271
　味はどちらが上なのだろうか。知っている人がいたら是非教えて 301
ほしいものである。 310

	総字数　－	エラー数　＝	純字数
月　　日			
月　　日			

香ばしい（こうばしい）　醤油（しょうゆ）
垂らす（たらす）　日差し（ひざし）　是非（ぜひ）

54回　3級

1行の文字数を30字に設定して入力しなさい。ただし、フォントの種類は明朝体とし、プロポーショナルフォントは使用しないこと。（制限時間　10分）

　世界にはすばらしい自然や文化財が存在するが、戦争や環境破壊 30
によって失われたものも多い。今に残る貴重な文化財を人類共通の 60
宝として保護するために、ＵＮＥＳＣＯの条約で設けられたのが世 90
界遺産である。 98
　世界遺産は自然・文化・その複合の３種類あり、千件以上の登録 128
がされている。ピラミッドや万里の長城、ガラパゴス諸島やグラン 158
ドキャニオンなどもその中に含まれている。どれもよく知られたも 188
のだ。 192
　１９９３年に自然遺産として白神山地と屋久島、文化遺産として 222
法隆寺と姫路城が日本で初めて登録された。もともとは白神山地の 252
ブナの原生林を残すため、世界遺産にして保護しようとしたことが 282
きっかけだったが、その後追加され、現在計２５件となった。 310

	総字数　－	エラー数　＝	純字数
月　　日			
月　　日			

文化財（ぶんかざい）　設ける（もうける）
白神山地（しらかみさんち）　屋久島（やくしま）

55回　３級

１行の文字数を30字に設定して入力しなさい。ただし、フォントの種類は明朝体とし、プロポーショナルフォントは使用しないこと。（制限時間　10分）

人間の体重の約半分は筋肉といわれている。人間の手足が動いた 30
り、体内に血液が送られたり、食べ物が胃や腸の中を進んだりする 60
のは、筋肉の働きのおかげである。 77
筋肉は、食べ物を消化器の中で運搬する平滑筋と、心臓の壁を作 107
っている心筋と、付着して骨格を動かして支える骨格筋の３種類に 137
分類される。平滑筋や心筋は、神経が支配しているので自分の意志 167
では動かない。一方、骨格筋は自分の意志で動かせる。 193
体を動かす作業は想像以上に大変なことである。たとえば、人間 223
がボールを投げるといった単純な作業でも、身体は複雑な化学反応 253
を起こしている。私たちの体は、この反応を起こし、筋肉の収縮を 283
連動させることで、複雑な運動を可能にしているのである。 310

	総字数	− エラー数	＝ 純字数
月　日			
月　日			

平滑（へいかつ）　骨格（こっかく）
単純（たんじゅん）　収縮（しゅうしゅく）

56回　３級

１行の文字数を30字に設定して入力しなさい。ただし、フォントの種類は明朝体とし、プロポーショナルフォントは使用しないこと。（制限時間　10分）

台風には、１月１日以降に発生した順で１号、２号と番号が付け 30
られるが、その他に名前も付けられる。平成１２年から日本を含む 60
１４カ国によって、北西太平洋と南シナ海の領域で発生する台風に 90
は名前が付けられることになった。 107
各国がそれぞれ、動物や植物、地名などを使って１０個ずつ名前 137
を付けて、１４０個が登録されている。日本では、星座の名前を付 167
けている。台風は、海の上で発生する。海には多くの船が航海して 197
おり、昔は夜の航海の際に基準にしていたのが星座であったため、 227
台風の名前に星座を選んだといわれる。 246
なかには、カジキやトカゲなどあまり有名でない星座も選ばれて 276
いる。それは、企業名や商標に使われていない星座を選んだという 306
理由だ。 310

	総字数	− エラー数	＝ 純字数
月　日			
月　日			

領域（りょういき）　星座（せいざ）
航海（こうかい）　商標（しょうひょう）

57回　3級

１行の文字数を30字に設定して入力しなさい。ただし、フォントの種類は明朝体とし、プロポーショナルフォントは使用しないこと。（制限時間　10分）

　言葉を使うとき、その言葉や字が正しいかどうかの答えは一つで 30
はない。言葉の使い方にはどちらでもよい場合もあるし、何を基準 60
にするかによっても判断は変わってくる。 80
　多様な表記方法は日本語の特徴である。使われる字だけみても、 110
漢字、ひらがな、カタカナ、ローマ字、送りがなやかなづかいにも 140
複数の書き方がある。一つの文を１０も２０もの書き方で表すのも 170
難しい事ではない。表現の手段としては恵まれている日本語だが、 200
使い方に迷う事も多い。 212
　「情報の伝達」は言葉の持つ大きな（おそらく最大の）役割であ 242
る。そのためには、表記の方法が社会全体で共有されなければなら 272
ない。情報化が進行する中、簡潔で体系だった表記方法を確立させ 302
る必要性は高い。 310

	総字数　−　エラー数　＝　純字数		
月　　日			
月　　日			

特徴（とくちょう）　共有（きょうゆう）
簡潔（かんけつ）　体系（たいけい）

58回　3級

１行の文字数を30字に設定して入力しなさい。ただし、フォントの種類は明朝体とし、プロポーショナルフォントは使用しないこと。（制限時間　10分）

　格安料金でレンタカー事業を行う店舗が増えている。新たな収入 30
源を求め、参入する中古車販売店や整備工場、ガソリンスタンドな 60
どの事業者が、副業として展開するケースが目立っている。 88
　維持費の削減などで、マイカーを持たない車離れが進む中、なん 118
と１０分１００円で借りられる所も出てきた。だが、従来のレンタ 148
カー会社と比べると、サービスを始めたばかりの小規模なお店が多 178
く、車の品ぞろえが少なく、カーナビなどのオプション料金が高い 208
という。 213
　もちろん、上記のような点は、格安レンタカー会社によって対応 243
は異なっている。それぞれの長所や短所を見極めながら、どのよう 273
な使い方をすると良いかを考え、レンタカー会社をしっかり決める 303
とよいと思う。 310

	総字数　−　エラー数　＝　純字数		
月　　日			
月　　日			

店舗（てんぽ）　維持費（いじひ）
小規模（しょうきぼ）　見極め（みきわめ）

59回　３級

１行の文字数を30字に設定して入力しなさい。ただし、フォントの種類は明朝体とし、プロポーショナルフォントは使用しないこと。（制限時間　10分）

新聞記事やテレビのニュースによく出てくる「保釈金」とはどん 30
なものなのだろうか。 41
罪を犯した疑いで逮捕され、裁判にかけられている被告人が拘置 71
所から出してもらえることを保釈という。この制度は、すべての人 101
に認められるわけではなく、死刑に相当する重罪になりそうな人や 131
住所不定の人などは認められない。 148
保釈されるときに、被告人が裁判所に保証金として預けるお金が 178
保釈金である。この額は、被告人の経済的な状況や罪の重さにより 208
決められる。普通は数百万円だが、大金持ちなら数億円ということ 238
もある。保釈中に被告人が逃走を企てたり、犯罪の証拠を隠したり 268
しない限り、裁判が終わり罪が確定すれば、たとえ有罪になっても 298
保釈金は全額返ってくる。 310

	総字数	－ エラー数	＝ 純字数
月　日			
月　日			

保釈金（ほしゃくきん）　拘置所（こうちしょ）
企てたり（くわだてたり）

60回　３級

１行の文字数を30字に設定して入力しなさい。ただし、フォントの種類は明朝体とし、プロポーショナルフォントは使用しないこと。（制限時間　10分）

先進国のなかで、最も環境対策に力を入れているのは、ドイツで 30
ある。この国では、国と企業と市民とが一体となって環境問題に取 60
り組んでいる。 68
例えば、飲料容器などは、洗って繰り返し使える「リターナブル 98
ビン」が使用され、ビンの回収率は９５％である。人々は、買い物 128
にビニール袋を使わずに買い物かごを持参する。店頭の生鮮食品に 158
は、トレイがあまり使われていない。生ごみは、工場でたい肥にさ 188
れている。 194
また、車の排気ガスによる大気汚染を防ぐために、市街から車を 224
締め出し、車の利用をおさえて公共交通機関の利用促進をはかった 254
「地球環境定期券」が導入されている。この定期券で、市内すべて 284
の公共交通手段を低価格で利用できるようになっている。 310

	総字数	－ エラー数	＝ 純字数
月　日			
月　日			

回収率（かいしゅうりつ）　持参（じさん）
たい肥（たいひ）　利用促進（りようそくしん）

61回　3級

1行の文字数を30字に設定して入力しなさい。ただし、フォントの種類は明朝体とし、プロポーショナルフォントは使用しないこと。（制限時間　10分）

　わが国の就業者構造は、第一次産業への従事者が大幅に減少する 30
一方で、商業・金融業・サービス業などの第三次産業への従事者が 60
７０％を超えている。このように、第三次産業が全体の半数を超え 90
た状況を「経済のサービス化」という。先進国になるにつれ、この 120
傾向は強くなる。 129
　また、製造業を中心とする第二次産業は、海外移転が進んだこと 159
で、減少傾向にある。これは、円高や人件費の高騰、物価の下落な 189
どの理由が挙げられ、移転による産業の空洞化が心配されている。 219
さらにバブル経済が崩壊して、受注が落ち込み、建設業者の倒産が 249
増加したことも、減少に拍車をかけた。 268
　今後は、高齢化に伴う福祉産業の拡大などから、第三次産業のさ 298
らなる増加が予想される。 310

	総字数	− エラー数 ＝	純字数
月　　日			
月　　日			

従事者（じゅうじしゃ）　高騰（こうとう）
下落（げらく）　拍車（はくしゃ）

62回　3級

1行の文字数を30字に設定して入力しなさい。ただし、フォントの種類は明朝体とし、プロポーショナルフォントは使用しないこと。（制限時間　10分）

　利益を得るには、得意先が欲しいと思っている商品を提供するこ 30
とが大切だ。しかし、たとえば、ある程度の値段で、客にとって便 60
利な場所で買いたいという要望を満たすことは、いうほど易しくは 90
ない。このような得意先の要求をニーズといい、ニーズに応えた形 120
で商品を提供することを市場指向という。また、得意先のニーズが 150
わかるようになると、大きな利益アップにつながる。 175
　ニーズをつかむには、調査や情報を分析することも必要だが、何 205
よりも大切なことは、得意先に注文をもらいに行ったときなどに、 235
苦情や要望に耳を傾けることである。そして、こちらからも積極的 265
に苦情を聞く姿勢があると、さらに良い。得意先からの苦情こそ、 295
本当のニーズなのかもしれない。 310

	総字数	− エラー数 ＝	純字数
月　　日			
月　　日			

得意先（とくいさき）　市場指向（しじょうしこう）
傾ける（かたむける）　姿勢（しせい）

■ 63回　３級 ■

１行の文字数を30字に設定して入力しなさい。ただし、フォントの種類は明朝体とし、プロポーショナルフォントは使用しないこと。（制限時間　10分）

　選挙の開票を伝えるニュースを見ているとき、開票率がまだ数％ 30
にもかかわらず、当選情報が流れるのは不思議なことである。以前 60
は、かなりの開票が進まないと、当落の判断はできなかった。 89
　そこには、報道各社が実施する出口調査というからくりが関係し 119
ている。これは、スタッフが選挙当日に投票所で待機し、投票を終 149
えた有権者に、どの候補者に投票したか調査をするのである。そし 179
て、そこで得られた調査結果と、各社が調べ上げた事前の予想から 209
当選を決定していく。 220
　以前は、完ぺきには予想できないため、国政選挙で、当選情報に 250
間違いが生じることがあった。だが、現在では、調査対象者を大幅 280
に増やし、誤りがほとんどない状況にまで、精度は向上している。 310

	総字数	− エラー数 =	純字数
月　　日			
月　　日			

当落（とうらく）　出口調査（でぐちちょうさ）
待機（たいき）　精度（せいど）

■ 64回　３級 ■

１行の文字数を30字に設定して入力しなさい。ただし、フォントの種類は明朝体とし、プロポーショナルフォントは使用しないこと。（制限時間　10分）

　有名なお寺や神社の初詣客の数や、大型連休中の観光地の人出が 30
よく新聞やテレビのニュースなどで報道される。この人出の数字は 60
警察署がそれぞれの場所で実際に調べていることが多い。警察は調 90
べた数字をもとに翌年の人出を予想し、混乱や事故が起きないよう 120
に配備する警察官の人数を決めたりする。 140
　初詣のように、たくさんの人が動いているような場所で人出を調 170
べるときは、流れに沿って横の列の人数を数え、それに通り道の距 200
離を掛けて全体の数を割り出す。花火大会のように、一か所にたく 230
さんの人が集まってあまり動きがないような場所では、人ごみの中 260
にだいたい３．３平方メートルの枠を設け、その枠の中にいる人数 290
に場所全体の面積と時間を掛けて割り出す。 310

	総字数	− エラー数 =	純字数
月　　日			
月　　日			

初詣（はつもうで）　人出（ひとで）
配備（はいび）　枠（わく）

65回　3級

１行の文字数を30字に設定して入力しなさい。ただし、フォントの種類は明朝体とし、プロポーショナルフォントは使用しないこと。（制限時間　10分）

　ホタルの発光メカニズムを衛生検査に応用する技術が実用化され　30
た。ホタルの光を発生させる酵素が、すべての生物の細胞に存在す　60
るＡＴＰ（アデノシン三リン酸）という物質に反応することを利用　90
して、細菌や雑菌による汚染をチェックする。方法は簡単で、調べ　120
たい場所を綿棒でこするだけで、１０秒ほどで結果が出る。しかも　150
精度はきわめて高い。　161
　この手軽さや確実さが買われ、医療現場や飲食店などでは、衛生　191
管理として利用されるようになった。アメリカ航空宇宙局も、地球　221
の生物を火星に持ち込まないように火星探査車「スピリット」をこ　251
の方法で検査したという。　264
　幻想的な「蛍の光」には、人の目を楽しませるだけでなく、身近　294
に意外な効用があったことになる。　310

	総字数　－　エラー数　＝　純字数		
月　日			
月　日			

綿棒（めんぼう）　精度（せいど）
探査車（たんさしゃ）　身近（みぢか）

66回　3級

１行の文字数を30字に設定して入力しなさい。ただし、フォントの種類は明朝体とし、プロポーショナルフォントは使用しないこと。（制限時間　10分）

　飛行場にはハンガーと呼ばれる整備用の格納庫がある。最新式の　30
ものには、制御ボードのボタンを操作するだけで、上下左右に自由　60
自在に動く足場がある。足場といっても建築現場で見るようなもの　90
ではない。天井からつり下げられた巨大な鉄骨の建造物が、飛行機　120
の機体に覆いかぶさっているように見える。　141
　用途はもちろん飛行機の整備のためである。ここから機体を洗い　171
ネジを締め油を差して塗装する。これらの点検は飛行時間数により　201
定期的に行われる。フライト８０時間のチェックでも、２６０項目　231
ある。１か所でも手を抜いたら大惨事になりかねない。われわれが　261
空の旅をなんの不安もなく安心して楽しめるのは、整備士の鋭い目　291
と厳しいプロ精神のおかげといってよい。　310

	総字数　－　エラー数　＝　純字数		
月　日			
月　日			

格納庫（かくのうこ）　制御（せいぎょ）
塗装（とそう）　大惨事（だいさんじ）

■ 2級チャレンジ問題　1回 ■

1行の文字数を30字に設定して入力しなさい。ただし、フォントの種類は明朝体とし、プロポーショナルフォントは使用しないこと。（制限時間　10分）

　植物は、人間生命の真の母体といわれている。普段私たちの生活 30
の中で一番なじみのある植物といえば、八百屋さんに並ぶ野菜、庭 60
や室内の草花などがあげられる。 76
　タデ科の多年草のミズヒキは、進物を結ぶ赤色の水引に由来した 106
名前といわれている。細長い茎が水引に大変似ていて、多くの小さ 136
な赤い花が初秋の山野に鮮やかな彩りを添えている。そのそばを歩 166
くと、ズボンや靴下に実が付着してなかなか離れない。このように 196
種子を散布する植物を、地方によっては「ひっつき虫」と呼ぶそう 226
だ。母親にしがみつく甘えん坊を連想して、そう名付けた先人のユ 256
ニークな感覚にうれしさを感じる。 273
　一年草でメキシコ原産のオナモミは、道端や荒れ地によく生育し 303
ている。語源は様々だが、虫に刺された時葉をもんでつけると効果 333
があり、ナモミは「生もみ」の意味がある。イノコズチの名の由来 363
は、一般に「猪の子づき」がなまったものであり、イノシシの子に 393
その実がつくからだといわれる。 409
　植物の名前の由来を調べてみると大変興味深いものが多く、自然 439
との共生の中で名を付けていることが分かる。 460

	総字数	－ エラー数	＝ 純字数
月　　日			
月　　日			

進物（しんもつ）　水引（みずひき）
彩り（いろどり）　道端（みちばた）

2級チャレンジ問題　2回

1行の文字数を30字に設定して入力しなさい。ただし、フォントの種類は明朝体とし、プロポーショナルフォントは使用しないこと。(制限時間　10分)

　タッチパネルをさっとなぞるだけで認証が行える、スライド式の 30
手のひら静脈認証技術をある企業が開発したと発表した。この技術 60
は、８ミリメートル幅の小型光学ユニットにより、手のひら静脈パ 90
ターンを認証するもので、タブレットや小型のモバイル端末などの 120
フレームの部分に搭載することが可能である。 142
　また、この度、認証に最適な画像を瞬時に選び出して、自動的に 172
照合する機能を採用したことで、従来のようなセンサーの上で手の 202
ひらを静止させるのではなく、タッチさせるような感覚で認証でき 232
るようになり、操作がより一層向上した。 252
　今回の研究で、新しい複合光学素子を用いることにより、手をス 282
ライドさせながら、手のひらの静脈パターンを利用し照合すること 312
に成功した。これにより、個人情報へのアクセスやサービス利用な 342
ど、様々な場面において高度な認証精度を利用するために、偽造が 372
困難という優れた特長をもつ静脈認証の適用範囲が広がった。今後 402
は病院やオフィスなど、高度なセキュリティと簡単な操作が求めら 432
れる様々な業種での活用ができるように研究開発してほしい。 460

	総字数	－ エラー数	＝ 純字数
月　　日			
月　　日			

静脈（じょうみゃく）　搭載（とうさい）
光学素子（こうがくそし）　偽造（ぎぞう）

2級チャレンジ問題　3回

１行の文字数を30字に設定して入力しなさい。ただし、フォントの種類は明朝体とし、プロポーショナルフォントは使用しないこと。（制限時間　10分）

日本橋は、江戸時代には京都へ海沿いを行く東海道、信州を抜け　30
ていく中山道の基点として栄えていた。その外にも、日光街道、甲　60
州街道、奥州街道もここを基点としていた。当時としては、江戸と　90
地方を結ぶ主要街道だった。　104

中でも東海道は、鎌倉幕府創設の頃に、海沿いの幹線道路として　134
旅人の行き来が増加し、全国に知られるようになったといわれてい　164
る。日本橋から三条大橋まで５００キロ程である。現在では新幹線　194
を使えば2時間半弱で行けるが、当時は、男性で１５日、女性では　224
１８日程度の行程であった。　238

また、東海道は五十三次といわれ、宿場が実に５３もあった。こ　268
の数字の由来は、仏教経典の一つである「華厳経」に由来するもの　298
である。このお経の中で、善財童子という修行僧が、５３人の善知　328
識を訪ね、教えをいただき、最後に悟りの境地に達するという説法　358
がある。この悟りの過程を表したものだというのである。ただ単に　388
適当に距離を割り振って、宿場を設けただけのものではない。街道　418
を行くたびに、宗教的な意味合いを持たせた昔の人は、旅を修行の　448
道と考えていたのである。　460

	総字数	ー エラー数	＝ 純字数
月　日			
月　日			

華厳経（けごんきょう）　善財童子（ぜんざいどうじ）
悟り（さとり）　説法（せっぽう）

5 ビジネス文書編

1 実技問題

試験の流れ

手順	内容
問題配布	書式設定と注意事項を確認する
書式設定・文字ずれを防ぐ設定	設定方法　4～6ページ
受験級・試験場校名・受験番号の入力	設定方法　7ページ
実技試験（制限時間15分）	作成手順　62～68ページ
印刷・問題回収	監督者の指示に従い操作を行う

※模範解答例は61ページに掲載しています。

例題

検定問題の表紙は、以下のようなことなどが書かれています。この表紙を参考にして、書式設定およびヘッダーへの入力を行ってください。

①検定試験（実技問題）の第１ページ目の見本

ビジネス文書実務検定試験

第３級

ビジネス文書部門　実技問題

(制限時間15分)

〔書　式　設　定〕

ａ．余白は上下左右それぞれ２０ｍｍとすること。
ｂ．指示のない文字のフォントは、明朝体で全角入力し、サイズは１４ポイントに統一すること。
　　プロポーショナルフォントは使用しないこと。
ｃ．１行の文字数　　３０字
ｄ．１ページの行数　２８行
ｅ．複数ページに渡る印刷にならないよう書式設定に注意すること。

〔注　意　事　項〕

１．ヘッダーに左寄せで年、組、番号、氏名を入力すること。
２．Ａ４縦長用紙１枚に体裁よく作成し、印刷すること。
３．訂正・挿入・削除・適語の選択などの操作は制限時間内に行うこと。
４．問題の指示や校正記号に従い文書を作成すること。ただし、問題の指示や校正記号のないものは問題文のとおり入力すること。

※書式設定の「ｃ．１ページの行数」は問題により異なります。

②検定試験（実技問題）の出題例

営発第７９号 ← 右寄せする。
令和○年６月２５日

神奈川学園高等学校
　学年主任　柳澤　博　先生

宮崎市大淀４－２１
株式会社　南九州観光
営業課長　中島　幸雄

修学旅行の体験プログラムについて ← 一重下線を引き、センタリングする。

拝啓　貴校ますますご隆盛のこととお喜び申し上げます。
　さて、このたびは弊社の体験学習にお問い合わせいただだき（トル）、誠にありがとうございます。貴校のご要望に合わせ、下記のプログラムをご用意しました。
　細かな内容については、添付いたしました資料や弊社ホームページをご覧ください。
　なお、下記の料金には昼食代を含んでおります。

敬　具

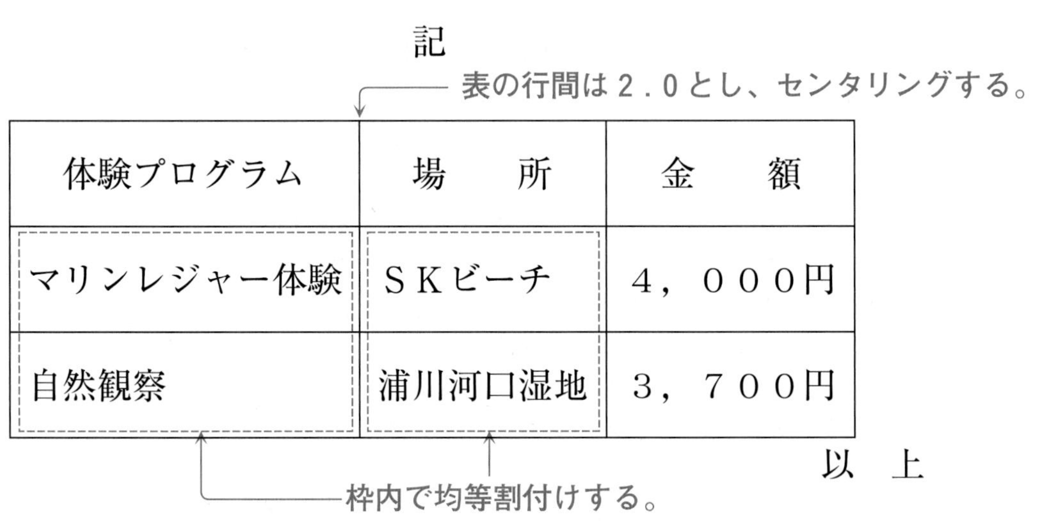

記

表の行間は２．０とし、センタリングする。

体験プログラム	場　　所	金　　額
マリンレジャー体験	ＳＫビーチ	４，０００円
自然観察	浦川河口湿地	３，７００円

枠内で均等割付けする。

以　上

○問題見本の表記
赤色の文字…校正記号　※校正記号の解説は69ページに掲載しています。
青色の文字…作成指示　※指示をもとに、文章内の書式を変更します。
指示のない文字は問題文のとおり入力・編集を行います。

③「②」の模範解答例

第３級　試験場校名　受験番号 ← ヘッダーの入力

文書番号（右寄せ）→ 営発第７９号

発信日付（右寄せ）→ 令和○年６月２５日

△　１行空ける

神奈川学園高等学校
□学年主任□柳澤□博□先生　｝受信者名（左寄せ＋スペース挿入）

△　１行空ける

発信者名（右寄せ＋スペース挿入）｛
宮崎市大淀４－２１
株式会社□南九州観光
営業課長□中島□幸雄□□

△　１行空ける

件名（センタリング＋文字修飾［一重下線］）

修学旅行の体験プログラムについて

拝啓□貴校ますますご隆盛のこととお喜び申し上げます。

□さて、このたびは弊社の体験学習にお問い合わせいただき、誠にありがとうございます。貴校のご要望に合わせ、下記のプログラムをご用意しました。細かな内容については、添付いたしました資料や弊社ホームページをご覧ください。

□なお、下記の料金には昼食代を含んでおります。

校正記号による校正（「だき」）

校正記号による校正（「ました。細かな」）

結語（右寄せ＋スペース挿入）→ 敬□具□

△　１行空ける

センタリング → 記

△　１行空ける

項目名（センタリング＋スペース挿入）

□□□

体験プログラム	場□□所	金□□額
マリンレジャー体験	ＳＫビーチ	４，０００円
自　然　観　察	浦川河口湿地	３，７００円

□□□

行間２．０

均等割付け

右寄せ＋スペース挿入 → 以□上□

○完成見本の表記

ピンク文字…指示のあった編集箇所

□…スペース１文字（表がセンタリングになるようにする）

青文字…指示のない編集箇所

□…スペース１文字（ただし、審査箇所になる場合もある）

△…改行１行分

作成前の確認

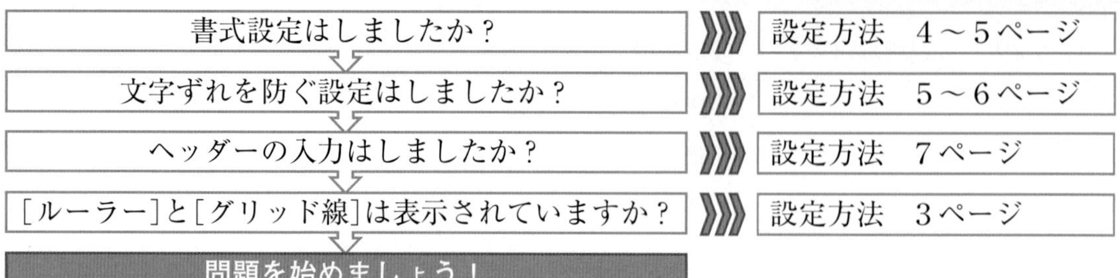

書式設定はしましたか？
設定方法　4～5ページ
文字ずれを防ぐ設定はしましたか？
設定方法　5～6ページ
ヘッダーの入力はしましたか？
設定方法　7ページ
[ルーラー]と[グリッド線]は表示されていますか？
設定方法　3ページ
問題を始めましょう！

3級作成手順（Word2019）

作成手順

1　前付けの作成

【前付けの入力】

❶右図のように、文書番号・発信日付・受信者名・発信者名を入力します。

※あらかじめ、受信者名・発信者名のスペースを挿入してください。

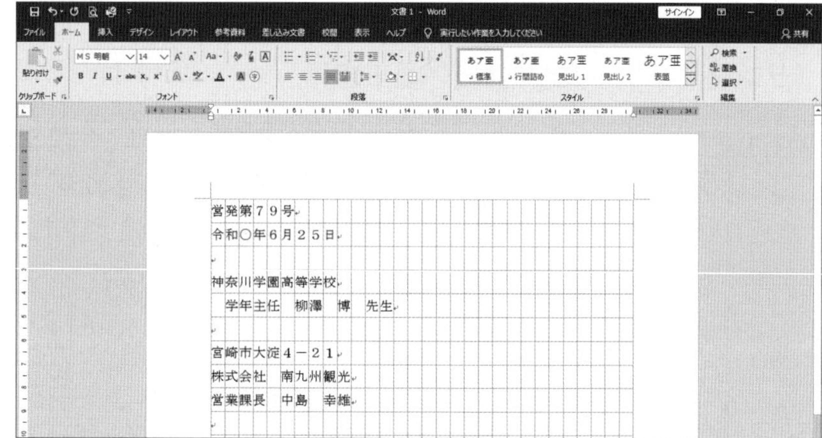

【文書番号・発信日付の右寄せ】

❷文書番号と発信日付をドラッグして範囲指定し、[右揃え]をクリックします。

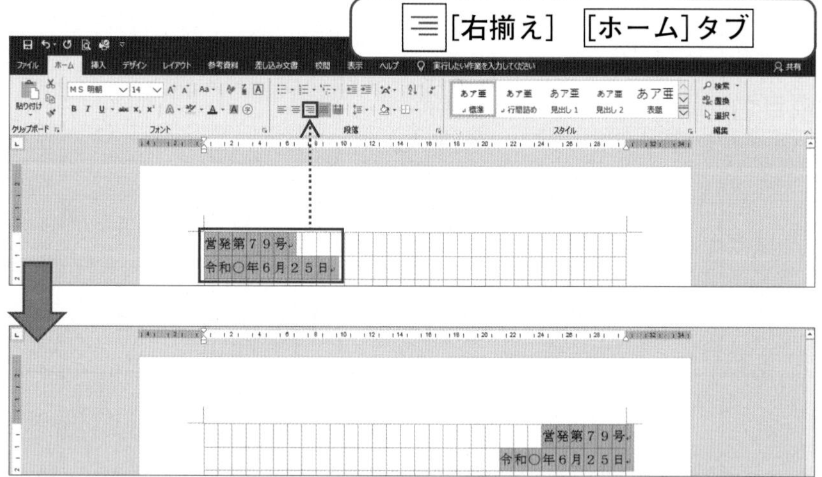

【発信者名の右寄せ】

❸発信者名をドラッグして範囲指定し、[右揃え]をクリックします。

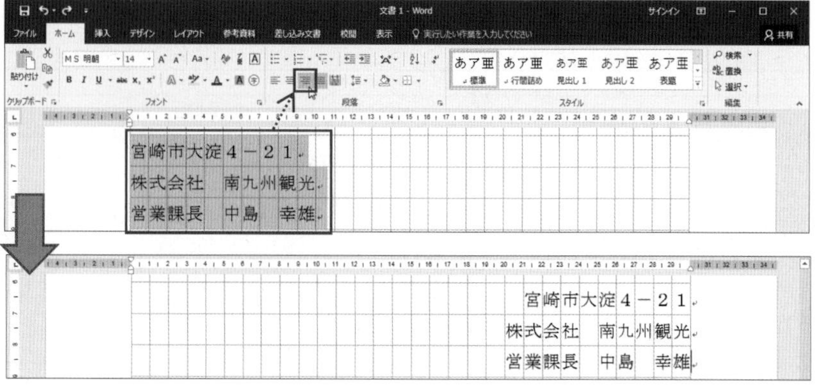

【発信者名の位置調整】

❹発信者の氏名の後ろにカーソルを合わせ、スペースを２字分挿入します。

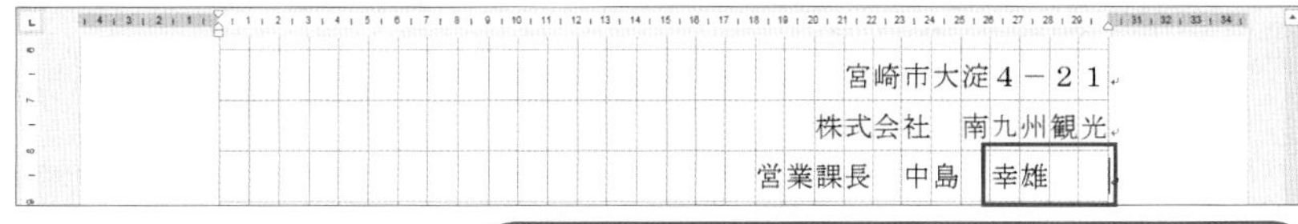

※氏名の位置が発信者名を調整する基準となります。

発信者名の位置
氏名を基準に階段状に配置する。
住所
会社名
氏名（基準）

❺氏名を基準にして、会社名、住所の順で後ろにスペースを挿入します。

2 件名の作成

❶件名を入力します。

❷件名をドラッグして範囲指定し、[下線]をクリックします。

❸範囲指定したまま、[中央揃え]をクリックします。

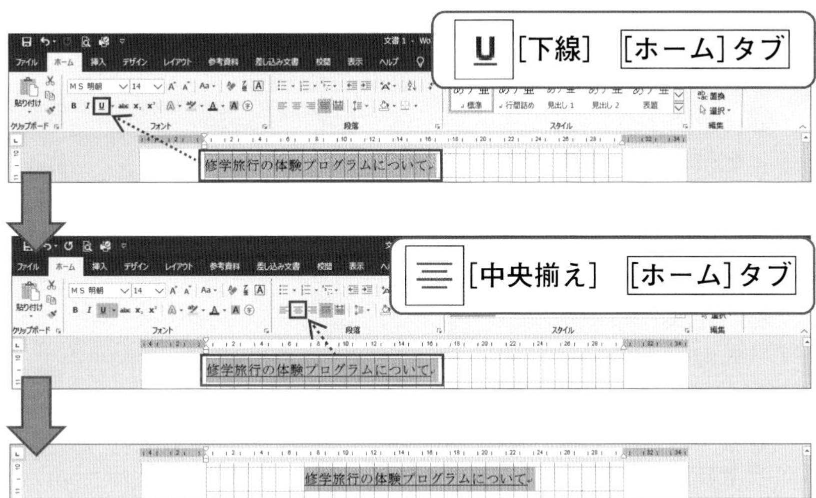

【横２００％（横倍角）の編集方法】

※件名では例題の「一重下線」のほかに、「横２００％（横倍角）」の指示が出題されます。ここでは、その設定方法を紹介します。なお、問題によっては両方の編集が必要となります。

❶件名を入力します。

❷件名をドラッグして範囲指定し、[拡張書式]をクリックし、[文字の拡大/縮小]にカーソルを合わせ、[２００％]をクリックします。

❸範囲指定したまま、[中央揃え]をクリックします。

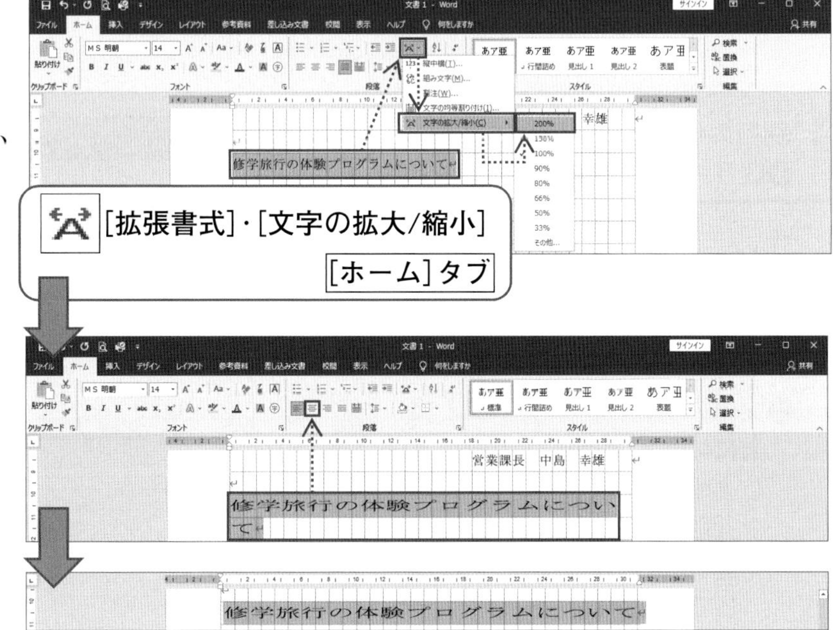

補足説明　書式のクリア

Wordでは、改行した行の書式が次の行に反映されます。このようなときには、**書式のクリア**を行うと書式がリセットされます。

（例）件名を作成後、改行し拝啓と入力した。

[書式のクリア]　[ホーム]タブ

○「拝啓」の文字が、件名の設定（一重下線・センタリング）を引き継いで入力される。

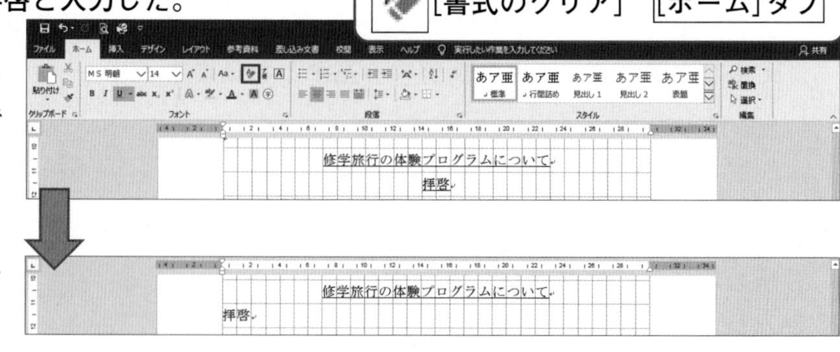

①[書式のクリア]をクリックすると、書式が解除されて元の形に戻ります。

【注意】書式のクリアを行うと、文字ずれを防ぐ設定のうち、「A．段落の設定」で行った設定が既定値（初期設定）に戻ります。

3 頭語の入力・本文の作成・結語の位置調整

❶「拝啓」と入力してスペースを押すと、オートコレクト機能により自動的に改行と「敬具」の挿入が行われます。

❷問題文にしたがって、本文を入力します。

❸文末の「敬具」の文字間と文末にスペースを1文字分挿入します。

※問題によっては、「敬具」の位置が、本文中に入る場合があります。そのときはスペースの挿入で位置を調節してください。

4 別記の作成・以上の位置調整

❶敬具の下に1行空けてから、「記」と入力して改行をすると、オートコレクト機能により自動的に「記」の中央揃えと「以上」の挿入が行われます。

❷文末の「以上」の文字間と文末にスペースを1文字分挿入します。

※「敬具」と「以上」の縦位置が揃っていることを確認してください。

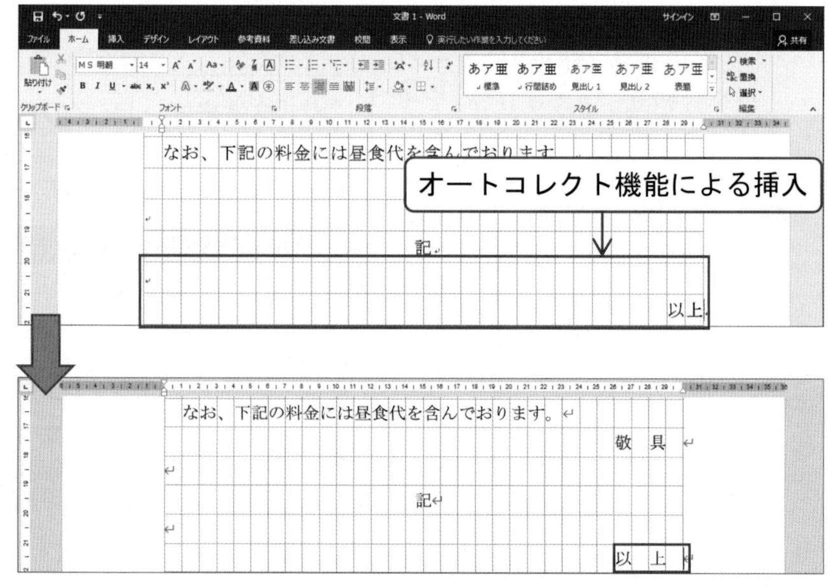

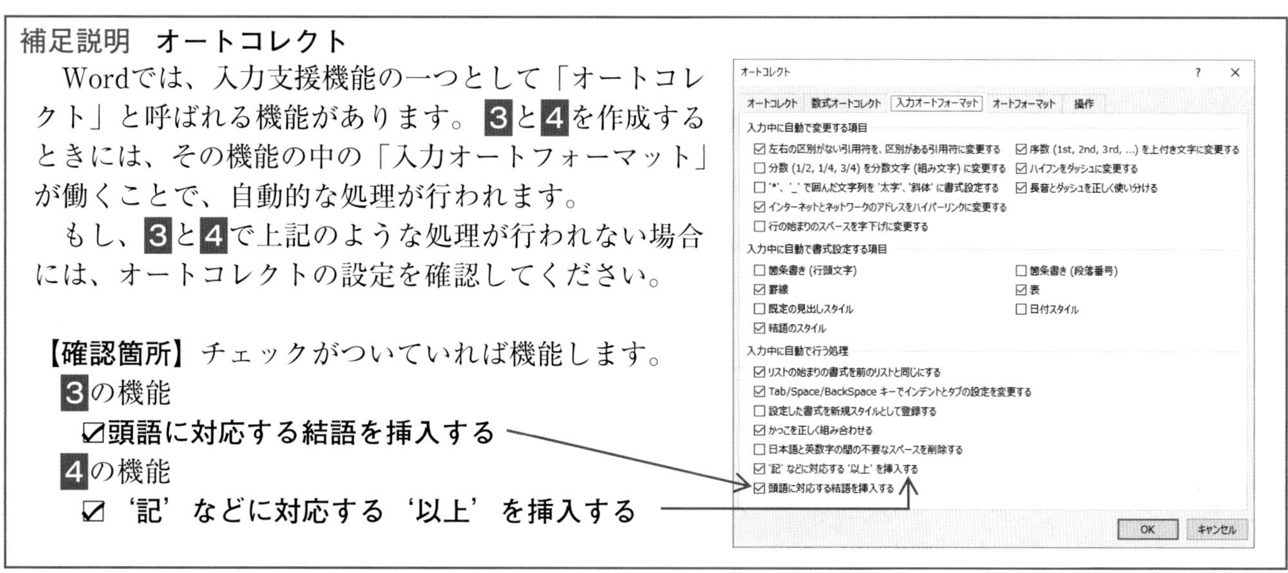

補足説明　オートコレクト

　Wordでは、入力支援機能の一つとして「オートコレクト」と呼ばれる機能があります。3と4を作成するときには、その機能の中の「入力オートフォーマット」が働くことで、自動的な処理が行われます。

　もし、3と4で上記のような処理が行われない場合には、オートコレクトの設定を確認してください。

【確認箇所】チェックがついていれば機能します。

3の機能

☑頭語に対応する結語を挿入する

4の機能

☑‘記’などに対応する‘以上’を挿入する

5 表の挿入

❶「記」の下の1行空けた行にカーソルを合わせ、[挿入]タブをクリックします。

❷[表]をクリックし、オレンジ色で縦3行・横3列の範囲が選択される位置までカーソルを移動しクリックします。

❸縦3行・横3列の表が挿入されました。

❹表と「以上」の間の余分な行を削除します。

※表の挿入後は、表内と下の段落でグリッド線とのずれが生じます。検定試験には影響ありません。

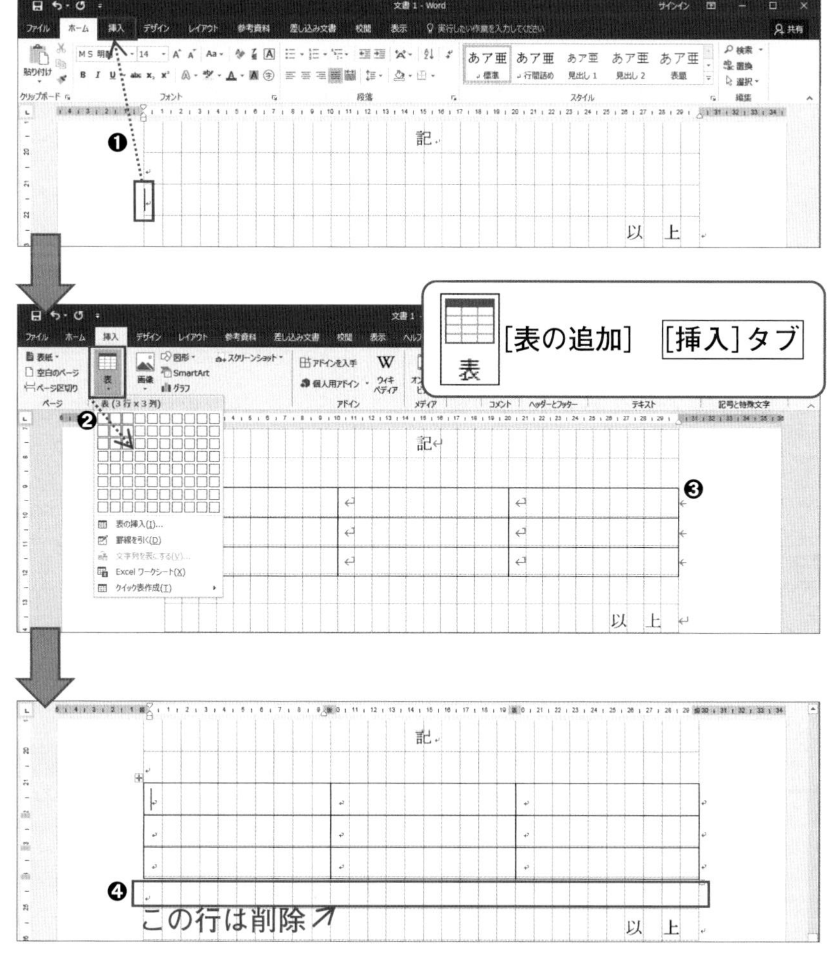

6 表の縦罫線の調整

❶表の左側の縦罫線にマウスポインタを合わせます。
※マウスポインタの形状が変化します。

	通常
	行選択
	テキスト選択
	縦罫線の列幅調整

❷本文の文字を参考にして、マウスポインタをドラッグし、位置に来たら離します。

❸同様の方法で、左側の列から残りの縦罫線も合わせます。

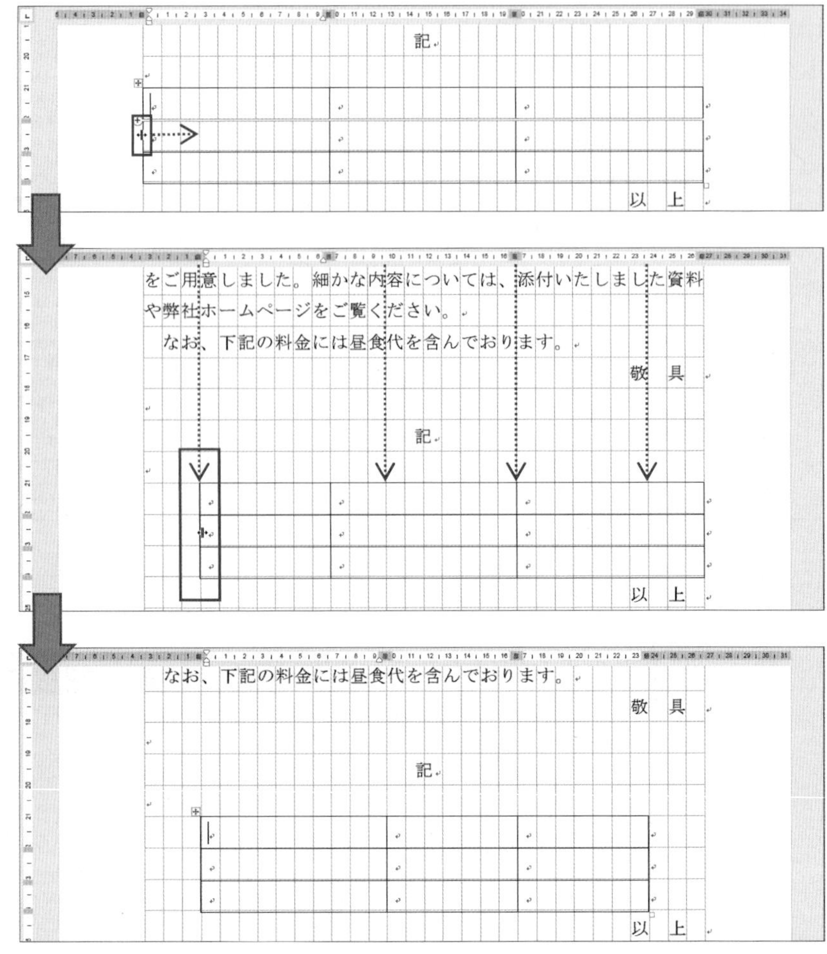

7 表内の文字入力

❶問題文のとおり表内の文字を入力します。

体験プログラム	場所	金額
マリンレジャー体験	ＳＫビーチ	４，０００円
自然観察	浦川河口湿地	３，７００円

8 横罫線の調整（行間の設定）

❶表全体をドラッグして範囲指定します。

❷[ホーム]タブをクリックし、[行と段落の間隔]をクリックし、[2.0]をクリックします。

❸表内の行間が2行分に広がって、表内の文字が上下の中央に配置されました。

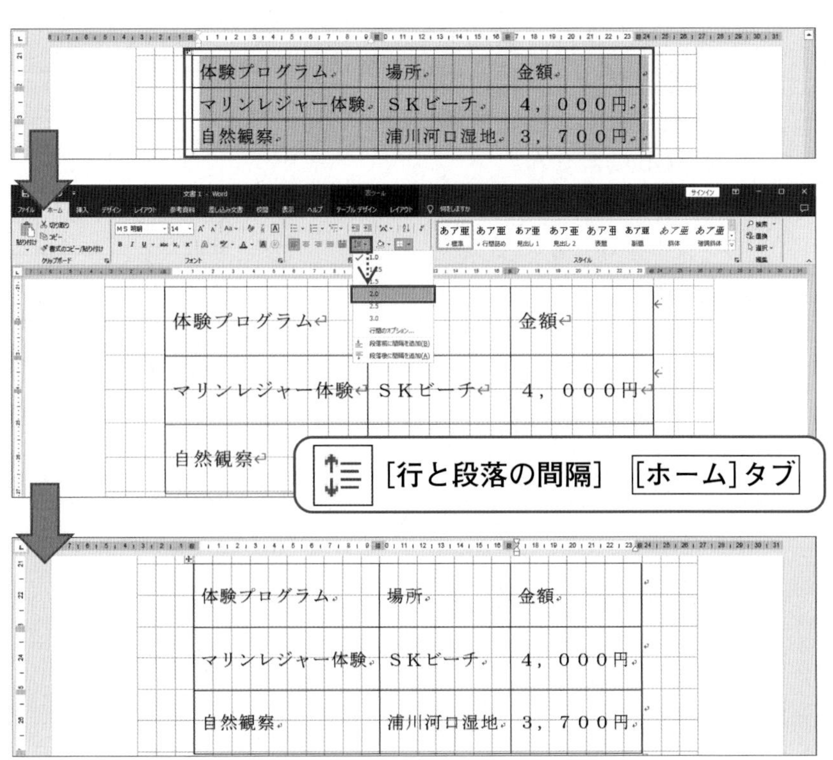

9 項目名の調整

❶項目名をドラッグして範囲指定し、[中央揃え]をクリックします。

❷問題文を参考に、文字間にスペースを挿入して位置を調整します。

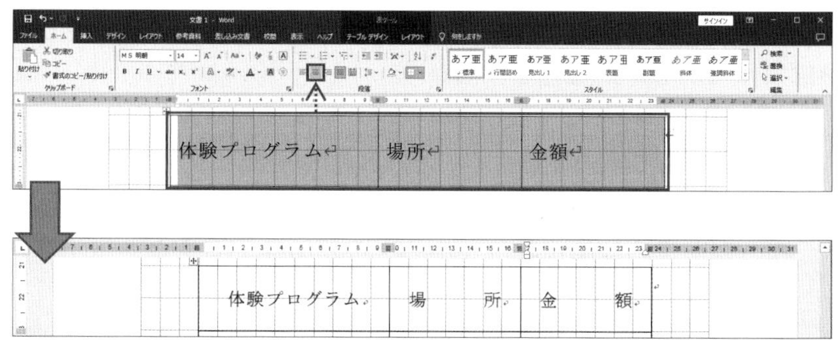

10 均等割付け

❶均等割付けを行う範囲をドラッグして範囲指定します。

❷[均等割り付け]をクリックします。

❸均等割付けができました。

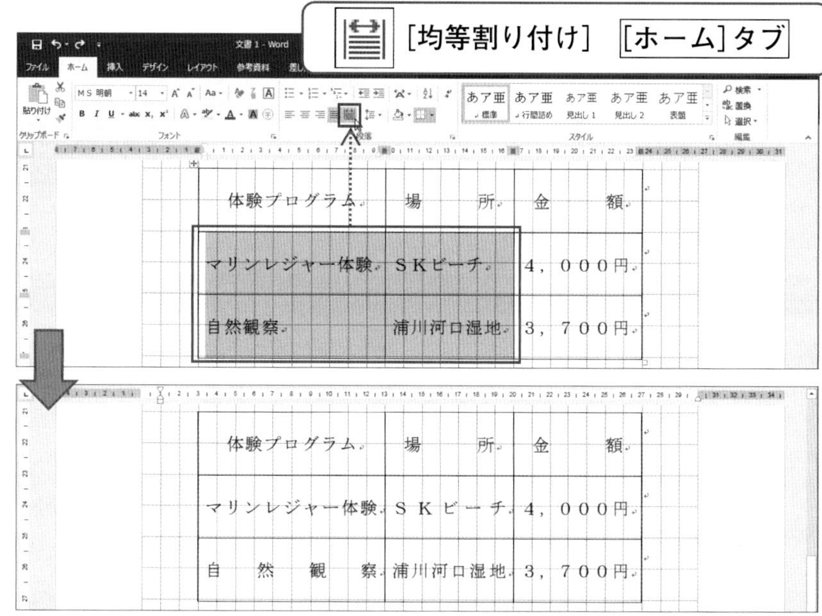

印刷手順

❶[ファイル]タグをクリックします。

❷[印刷]をクリックします。

❸印刷するプリンタを[プリンター]から選択します。

※複数のプリンタが登録されている場合には、どのプリンタで印刷するのか必ず確認しましょう。

❹[ページに合わせる]をクリックし、プレビュー画面のサイズを調整します。(**省略可**)

❺[印刷]をクリックすると、指定されたプリンタから作成した文書が印刷されます。

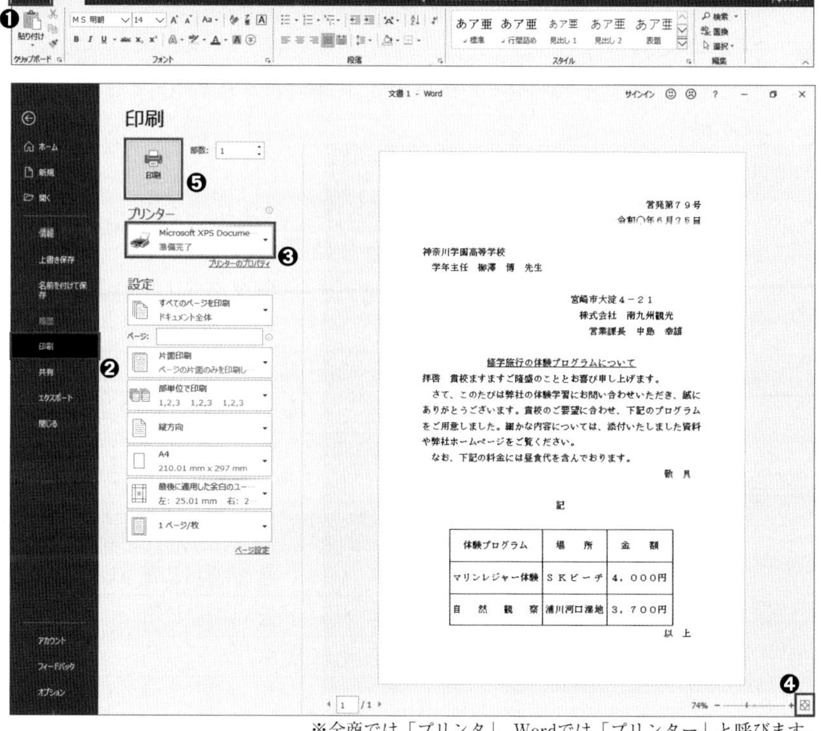

※全商では「プリンタ」、Wordでは「プリンター」と呼びます。

制限時間内で作成できたら

❶文字の入力ミスがないか確認しましょう。（1文字でも減点の対象となります）
❷編集ミスがないか確認しましょう。

補足説明

8 横罫線の設定（行間の設定）

❶の表全体の範囲選択は、次のような方法で行うこともできます。

●表内にカーソルがあるとき、またはマウスカーソルが表の上に重なっているときに、表の左上に[表全体の選択]アイコンが表示されます。これをクリックすると、表全体を選択することができます。

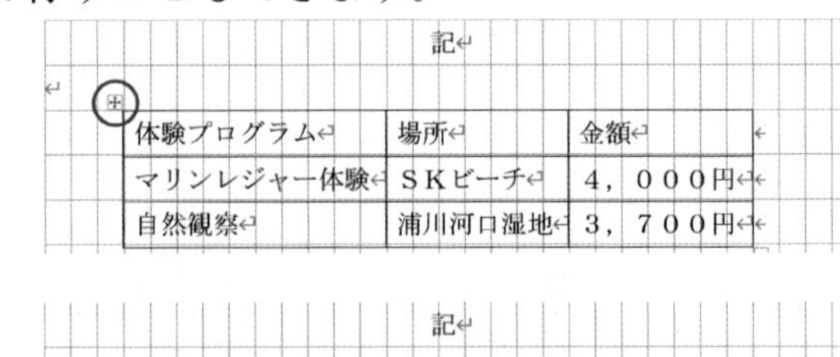

応用説明

● 手書き入力

○分からない漢字を入力したい場合には、手書き入力を使用します。ただし、入力するのに時間がかかるので注意が必要です。

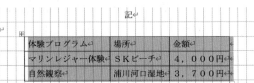

❶ＩＭＥの言語バーから、ＩＭＥパッドをクリックして起動します。
❷[ここにマウスで文字を描いてください。]と書いている枠内に、マウスでドラッグして記入すると調べたい文字を検索してくれます。
❸右側の検索結果から、入力したい文字を探し、クリックします。

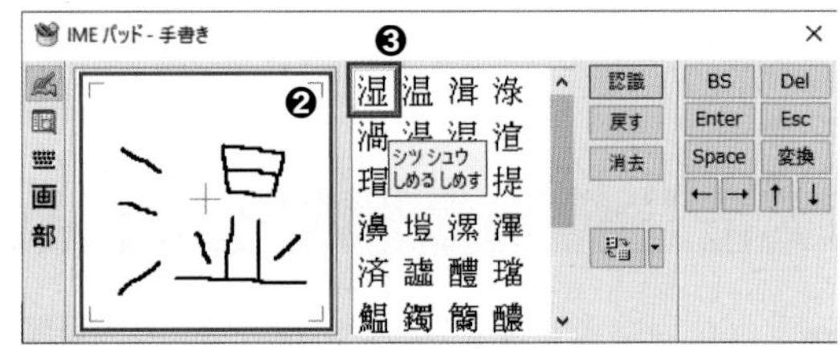

● ショートカット

○マウスでアイコンをクリックして操作するのではなく、キーボードから指示を出して操作する方法です。

①編集操作

ショートカットキー	操　　作	利用する手順
Ctrl ＋ 2	行間を2に設定する	8 横罫線の調整（行間の設定）
Ctrl ＋ E	中央揃えと左揃えを切り替える	2 件名の作成 9 項目名の調整
Ctrl ＋ L	左揃えで配置する	全体
Ctrl ＋ R	右揃えと左揃えを切り替える	1 前付けの作成
Ctrl ＋ U	下線を引く・消す	2 件名の作成

②機能操作

ショートカットキー	操　　作
Ctrl ＋ N	ドキュメントを新規作成する
Ctrl ＋ P	ドキュメントを印刷する
Ctrl ＋ Z	操作を元に戻す

ビジネス文書部門（実技問題）に出題される校正記号のまとめ

校正の内容		問題（校正記号出題例）	模範解答
1	誤字訂正	営 総発第５７６号 至急 支給ご送付	営発第５７６号 至急ご送付
2	脱字補充	末 年度の 格別 毎度の	年度末の 毎度格別の
3	余分字を削除し詰める	トル おります大総合口座は、 トル 製品は、当社弊社でも	おります総合口座は、 製品は、弊社でも
4	空け	森　幸一様 敬　具 記	森　幸一　様 敬　具 記
5	詰め	大阪市　住吉区 トラベルエキシビション 拝啓　貴社ますます	大阪市住吉区 トラベルエキシビション 拝啓　貴社ますます
6	入れ替え	今年で当社も	当社も今年で
7	移動	大川住宅株式会社 営業課長　酒井　陽子　様	大川住宅株式会社 　営業課長　酒井　陽子　様
8	行を続ける	いたしました。 現在お振り込み	いたしました。現在お振り込み
9	行を起こす	きます。つきましては、	きます。 　つきましては、

ワンポイント！　文字の正確エラーの数え方　　速度問題審査例と同様　→P.21

問題文　年末年始大売出しの大特価セール

エラー①　年末年始大売出しの特価大セール

→脱字１字と余分字がある：**2（1+1）エラー**

模範解答　年末年始大売出しの大特価セール

エラー②　年末年始大売出しの大特化セール

→誤字１字がある：**1エラー**

エラー③　年末年始大売出し大特価のセール

→脱字１字と余分字がある：**2（1+1）エラー**

エラー④　年末年始大売出しの大セール

→脱字２字がある：**2エラー**

1回　3級

次の文書を入力しなさい（ヘッダーには学年、組、番号、名前を入力すること）。
〔設定〕１行30字、１頁28行　　（制限時間　15分）

営
総発第５７６号　← 右寄せする。
令和６年６月１２日

京都ハリス産業株式会社
　総務部長　澤田　亮平　様

大阪市住吉区浅香７－８
関西フラン株式会社
営業部長　吉野　和也

営業所開設のご案内　← フォントは横200％（横倍角）にし、センタリングする。
謹啓　貴社ますますご発展のこととお喜び申し上げます。さて、この度弊社では、新たに下記の営業所を開設し、７月１日から営業を開始することとなりました。これまで京都府内では伏見営業所のみでしたので、ご不便をお掛けしておりましたが、今後はさらなるサービスの向上を図ることができると存じます。
　今後とも一層のお引き立てを賜りますよう何とぞお願い申し上げます。
敬　白

記　← センタリングする。

表の行間は2.0とし、センタリングする。

営　業　所	業　務　内　容	担　当　地　域
丹後・舞鶴	製造・販売	京都府中部北部
京都伏見	サービス・修理	京都府南部

枠内で均等割付けする。

以　上

校正記号	意味
総→営	誤字を訂正する
＞記	行間を空ける

解答→本誌Ｐ.71

謹啓（きんけい）　弊社（へいしゃ）　一層（いっそう）　賜る（たまわる）

☆書式設定→本誌Ｐ.４
☆試験の流れ→本誌Ｐ.59

1回　解答

審査は、模範解答と審査基準、審査表をもとに審査箇所方式で行い、合格基準は70点以上です。
審査箇所は①～⑳の20箇所　各５点です。

■審査基準

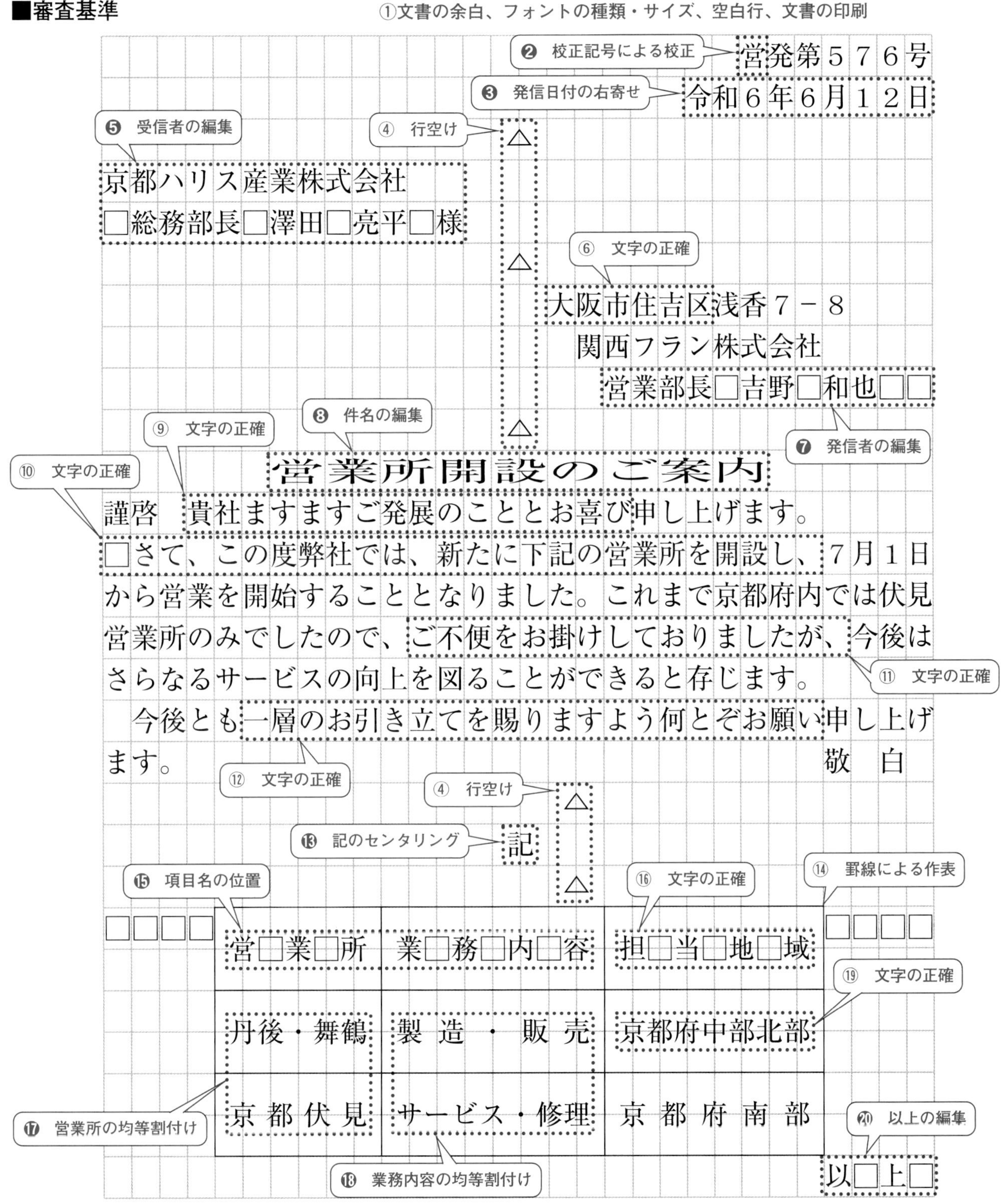

営□業□所	業□務□内□容	担□当□地□域
丹後・舞鶴	製造・販売	京都府中部北部
京都伏見	サービス・修理	京都府南部

問題→本誌Ｐ.70

■審査表

※　審査箇所以外は、文字の正確エラーや編集エラーがあってもエラーにはならない。
※　白抜き番号（❷など）の審査箇所に未入力文字・誤字・脱字・余分字などのエラーが一つでもあれば、当該項目は不正解とする。

番号	審査項目	審　査　基　準	点　数
①	文書の余白	余白が上下左右それぞれ20mm以上30mm以下となっていない場合はエラーとする。 ※なお、文字や線などが制限時間内に入力できないことにより、余白が30mmを超えた場合はエラーとしない。	全体で５点
	フォントの種類・サイズ	審査箇所で、指示のない文字は、フォントの種類が明朝体の全角で、サイズは14ポイントに統一されていること。	
	空白行・１行の文字数	問題文にない空白行がある場合はエラーとする。１行の文字数は30字で設定されていること。	
	文書の印刷	逆さ印刷、裏面印刷、審査欄にかかった印刷、複数ページにまたがった印刷、破れ印刷など、明らかに本人による印刷ミスは、エラーとする。	
❷	校正記号による校正	「総」が「営」に校正されていること。	５点
❸	発信日付の右寄せ	「令和６年６月12日」が模範解答のように右寄せされていること。	５点
④	行空け	模範解答のように、空白行が挿入されていること。 ※問題文にない空白行がある場合は、審査項目①で審査する。	全体で５点
❺	受信者の編集	模範解答のように受信企業名・受信者名・敬称が入力され、編集されていること。	５点
⑥	文字の正確	⑥の１箇所の文字が、正しく入力されていること。 ※フォントの種類が異なる場合や半角で入力した場合は、審査項目①で審査する。 ※文字の配置（均等割付け・左寄せ、センタリング、右寄せなど）は問わない。	５点
❼	発信者の編集	模範解答のように発信者名が入力され、編集されていること。	５点
❽	件名の編集	「営業所開設のご案内」の文字は横200％に編集され、センタリングされていること。	５点
⑨	文字の正確	⑨の１箇所の文字が、正しく入力されていること。 ※フォントの種類が異なる場合や半角で入力した場合は、審査項目①で審査する。 ※文字の配置（均等割付け・左寄せ、センタリング、右寄せなど）は問わない。	５点
⑩	文字の正確	⑩の１箇所の文字が、正しく入力されていること。 ※フォントの種類が異なる場合や半角で入力した場合は、審査項目①で審査する。 ※文字の配置（均等割付け・左寄せ、センタリング、右寄せなど）は問わない。	５点
⑪	文字の正確	⑪の１箇所の文字が、正しく入力されていること。 ※フォントの種類が異なる場合や半角で入力した場合は、審査項目①で審査する。 ※文字の配置（均等割付け・左寄せ、センタリング、右寄せなど）は問わない。	５点
⑫	文字の正確	⑫の１箇所の文字が、正しく入力されていること。 ※フォントの種類が異なる場合や半角で入力した場合は、審査項目①で審査する。 ※文字の配置（均等割付け・左寄せ、センタリング、右寄せなど）は問わない。	５点
⓭	記のセンタリング	「記」がセンタリングされていること。	５点
⑭	罫線による作表	模範解答のとおりの列幅・行間２で３行３列、同じ太さの実線で作表され、表全体が左右にかたよらないように配置されていること。表内の文字は１行で入力され、上下のスペースが同じであること。	５点
⓯	項目名の位置	「営業所」「業務内容」が模範解答のように編集され、配置されていること。	５点
⑯	文字の正確	⑮の１箇所の文字が、正しく入力されていること。 ※フォントの種類が異なる場合や半角で入力した場合は、審査項目①で審査する。 ※文字の配置（均等割付け・左寄せ、センタリング、右寄せなど）は問わない。	５点
⓱	営業所の均等割付け	「丹後・舞鶴」「京都伏見」が枠内で均等割付けされていること。	５点
⓲	業務内容の均等割付け	「製造・販売」「サービス・修理」が枠内で均等割付けされていること。	５点
⑲	文字の正確	⑲の１箇所の文字が、正しく入力されていること。 ※フォントの種類が異なる場合や半角で入力した場合は、審査項目①で審査する。 ※文字の配置（均等割付け・左寄せ、センタリング、右寄せなど）は問わない。	５点
⓴	以上の編集	「以上」が模範解答のように編集され、右寄せされていること。	５点

＊　「□」はスペース１文字分（ただし、審査箇所になる場合もある）
＊　文字のずれは、左右半角１文字分までのずれは許容する。

2回　3級

次の文書を入力しなさい（ヘッダーには学年、組、番号、名前を入力すること）。
〔設定〕１行30字、１頁29行　（制限時間　15分）

総発第２１７号
令和６年９月５日

長井産業株式会社
取締役社長　森　幸一様（「幸一」と「様」の間に字間を空ける）

町田市金井６－９－１６
株式会社　山崎化学工業
取締役社長　大木　陽次

創立３０周年記念式典のご案内 ← 一重下線を引き、センタリングする。

拝啓　貴社ますますご発展のこととお喜び申し上げます。
さて、おかげ様をもちまして、今年で当社も創立３０周年を迎えることとなりました。これもひとえに、皆様方のご支援の賜物と社員一同、心よりお礼申し上げます。
つきましては、１０月４日（金）は（「は」を「に」に訂正）ホテルリージェンシーにおいて、下記のとおり講演会およびパーティーを開催いたします。ぜひご出席を賜りますようお願い申し上げます。

敬　具

記 ← センタリングする。

表の行間は２．０とし、センタリングする。

内　　容	時　　間	会　場
記念講演会	１７時～１９時	大文字の間
祝賀パーティー	１９時～２０時	東山の間

枠内で均等割付けする。（「内容」列と「会場」列のデータ）

以　上

右寄せし、行末に１文字分スペースを入れる。

校正記号	意味
幸一様（□と矢印）	字間を空ける
今年で当社も（囲み）	入れ替える

解答→本誌Ｐ．74

創立（そうりつ）　拝啓（はいけい）
賜物（たまもの）　祝賀（しゅくが）

2回　解答

審査は、模範解答と審査基準、審査表をもとに審査箇所方式で行い、合格基準は70点以上です。
審査箇所は①～⑳の20箇所　各5点です。

■審査基準　①文書の余白、フォントの種類・サイズ、空白行、文書の印刷

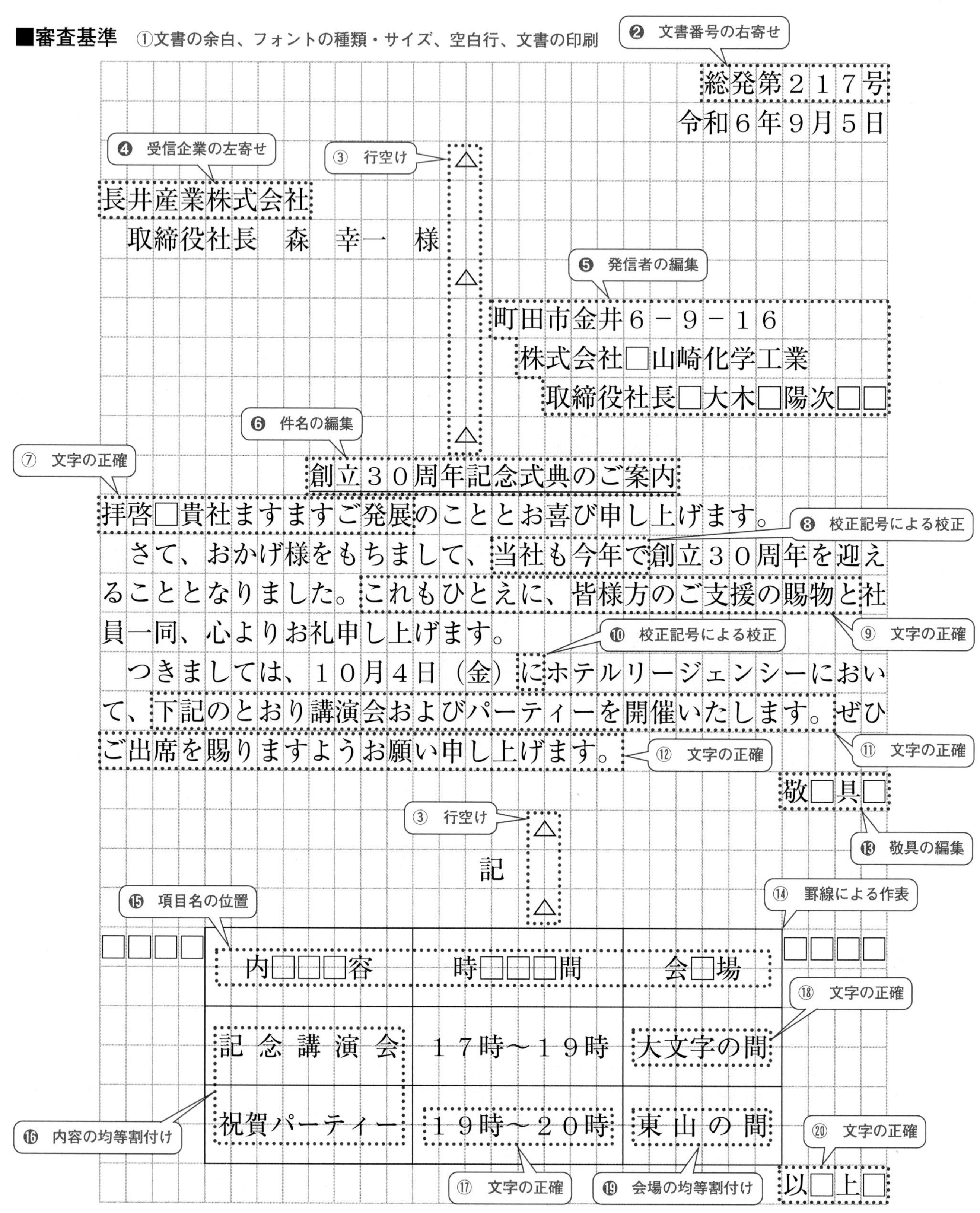

■審査表

※　審査箇所以外は、文字の正確エラーや編集エラーがあってもエラーにはならない。
※　白抜き番号（❷など）の審査箇所に未入力文字・誤字・脱字・余分字などのエラーが一つでもあれば、当該項目は不正解とする。

番号	審査項目	審査基準	点数
①	文書の余白	余白が上下左右それぞれ20㎜以上30㎜以下となっていない場合はエラーとする。 ※なお、文字や線などが制限時間内に入力できないことにより、余白が30㎜を超えた場合はエラーとしない。	全体で５点
	フォントの種類・サイズ	審査箇所で、指示のない文字は、フォントの種類が明朝体の全角で、サイズは14ポイントに統一されていること。	
	空白行・１行の文字数	問題文にない空白行がある場合はエラーとする。１行の文字数は30字で設定されていること。	
	文書の印刷	逆さ印刷、裏面印刷、審査欄にかかった印刷、複数ページにまたがった印刷、破れ印刷など、明らかに本人による印刷ミスは、エラーとする。	
❷	文書番号の右寄せ	「総発第２１７号」が模範解答のように右寄せされていること。	５点
③	行空け	模範解答のように、空白行が挿入されていること。 ※問題文にない空白行がある場合は、審査項目①で審査する。	全体で５点
❹	受信企業の左寄せ	「長井産業株式会社」が模範解答のように左寄せされていること。	５点
❺	発信者の編集	模範解答のように受信者住所・受信企業名・発信者名が入力され、編集されていること。	５点
❻	件名の編集	「創立３０周年記念式典のご案内」の文字に、一重下線が引かれてセンタリングされていること。	５点
⑦	文字の正確	⑦の１箇所の文字が、正しく入力されていること。 ※フォントの種類が異なる場合や半角で入力した場合は、審査項目①で審査する。 ※文字の配置（均等割付け・左寄せ、センタリング、右寄せなど）は問わない。	５点
❽	校正記号による校正	「今年で当社も」が「当社も今年で」に校正されていること。	５点
⑨	文字の正確	⑨の１箇所の文字が、正しく入力されていること。 ※フォントの種類が異なる場合や半角で入力した場合は、審査項目①で審査する。 ※文字の配置（均等割付け・左寄せ、センタリング、右寄せなど）は問わない。	５点
❿	校正記号による校正	「は」が「に」に校正されていること。	５点
⑪	文字の正確	⑪の１箇所の文字が、正しく入力されていること。 ※フォントの種類が異なる場合や半角で入力した場合は、審査項目①で審査する。 ※文字の配置（均等割付け・左寄せ、センタリング、右寄せなど）は問わない。	５点
⑫	文字の正確	⑫の１箇所の文字が、正しく入力されていること。 ※フォントの種類が異なる場合や半角で入力した場合は、審査項目①で審査する。 ※文字の配置（均等割付け・左寄せ、センタリング、右寄せなど）は問わない。	５点
⓭	敬具の編集	「敬具」が模範解答のように編集され、右寄せされていること。	５点
⑭	罫線による作表	模範解答のとおりの列幅・行間２で３行３列、同じ太さの実線で作表され、表全体が左右にかたよらないように配置されていること。表内の文字は１行で入力され、上下のスペースが同じであること。	５点
⓯	項目名の位置	「内容」「時間」「会場」が模範解答のように編集され、配置されていること。	５点
⓰	内容の均等割付け	「記念講演会」「祝賀パーティー」が枠内で均等割付けされていること。	５点
⑰	文字の正確	⑰の１箇所の文字が、正しく入力されていること。 ※フォントの種類が異なる場合や半角で入力した場合は、審査項目①で審査する。 ※文字の配置（均等割付け・左寄せ、センタリング、右寄せなど）は問わない。	５点
⑱	文字の正確	⑱の１箇所の文字が、正しく入力されていること。 ※フォントの種類が異なる場合や半角で入力した場合は、審査項目①で審査する。 ※文字の配置（均等割付け・左寄せ、センタリング、右寄せなど）は問わない。	５点
⓳	会場の均等割付け	「東山の間」が枠内で均等割付けされていること。	５点
⑳	文字の正確	⑳の１箇所の文字が、正しく入力されていること。 ※フォントの種類が異なる場合や半角で入力した場合は、審査項目①で審査する。 ※文字の配置（均等割付け・左寄せ、センタリング、右寄せなど）は問わない。	５点

＊　「□」はスペース１文字分（ただし、審査箇所になる場合もある）
＊　文字のずれは、左右半角１文字分までのずれは許容する。

3回　3級

次の文書を入力しなさい（ヘッダーには学年、組、番号、名前を入力すること）。
〔設定〕１行30字、１頁29行　（制限時間　15分）

販発第３６５号
令和６年６月１５日

大川住宅株式会社
営業課長　酒井　陽子　様

高松市朝日町２８－１６
長谷川家具株式会社
販売部長　森　えりか

謝恩特別セールのご案内 ← 一重下線を引き、センタリングする。

拝啓　貴社ますますご隆盛のこととお喜び申し上げます。
　さて、このたび弊社では、お得意様への感謝を込めて、年度の（末）特別価格謝恩セールを開催いたします。
　つきましては、７月１１日から７月１５日までの５日間に限り、下記の商品について、価格特別にて販売いたします。
　なお、他の商品につきましても、サービスさせていただきますので、ぜひともご来店くださいますようお願い申し上げます。

敬　具

記 ← センタリングする。

表の行間は２.０とし、センタリングする。

商　品　名	規　　　格	価　　格
ハイチェスト	ＪＡＧＡシリーズ	７万円／脚
会議用テーブル	ＫＴタイプ	１０万円／脚

枠内で均等割付けする。　枠内で右寄せする。

以　上

校正記号	意味
営業課長　酒井　陽子　様	移動する
年度の（末）	脱字を補充する

解答→別冊① P．2

謝恩（しゃおん）　隆盛（りゅうせい）
開催（かいさい）　脚（きゃく）

4回　3級

次の文書を入力しなさい（ヘッダーには学年、組、番号、名前を入力すること）。
〔設定〕１行30字、１頁28行　　（制限時間　15分）

総発第１５７号 ← 右寄せする。
令和６年９月１２日

株式会社東洋家具
　営業部長　堀井　謙一郎　様

大阪市浪速区日本橋６－１１
株式会社　関西建設
総務部長　大塩　順二

見積りのお願い ← フォントは横２００％（横倍角）にし、センタリングする。
拝啓　貴社ますますご隆盛のこととお喜び申し上げます。
　さて、このたび当社では、本社屋の移転に伴い事務備品更新を行うこととなりました。複数社よりいただいた資料等を元に検討した結果、貴社の製品を注文することが決定いたしました。
　つきましては、下記条件による見積書ご作成のうえ、支給ご送付くださいますようお願い申し上げます。
敬　具

記

表の行間は２．０とし、センタリングする。

品　　　名	形　　　式	注文数
事務用スチールデスク	ＤＪＳ－５１２０	１９０
スチールロッカー	ＳＬ－２４０	３８

枠内で均等割付けする。　枠内で右寄せする。

以　上

（校正指示：「株式会社」と「東洋家具」の間に□（１字空け）を挿入。「事務備品更新」の「品」と「更」の間に「の」を挿入。「支給」を「至急」に訂正。）

解答→別冊①Ｐ．２

校正記号	意味
支給（至急）	誤字を訂正する

浪速（なにわ）　伴い（ともない）
更新（こうしん）　至急（しきゅう）

実技問題 ビジネス文書編

5回　3級

次の文書を入力しなさい（ヘッダーには学年、組、番号、名前を入力すること）。
〔設定〕１行30字、１頁28行　　（制限時間　15分）

サ販発第１９４号 ←右寄せする。
令和７年３月１２日

河村商事　株式会社
　営業部長　小林　正直　様

府中市南新町５－１７
株式会社　サンエコー
販売部長　池田　好美

フォントは横２００％（横倍角）にし、センタリングする。
商品の追加注文について
拝啓　貴社ますますご発展のこととお喜び申し上げます。毎度（格別）のお引立てにあずかり、厚くお礼申し上げます。
　さて、さる２月７日に納品いただきました製品は、当社（トル）弊社でも売行きが好調でございまして、すでに品切れとなりました。
　つきましては、下記のとおり同品を追加注文します。なお、取引条件、支払方法は、前回と同様にてお願いいたします。
敬　具

記

表の行間は２.０とし、センタリングする。

商　品　名	商品番号	数　　量
ストレージボックス	ＳＴＧ－５８	１２０個
木のおもちゃ	ＷＤＴＹ－６１７	８０個

枠内で均等割付けする。　枠内で右寄せする。

以　上

校正記号	意味
商事　株式	字間を詰める
当社（トル）	余分字を削除し詰める

解答→別冊①Ｐ．３

発展（はってん）　毎度（まいど）
格別（かくべつ）　好調（こうちょう）

6回　3級

次の文書を入力しなさい（ヘッダーには学年、組、番号、名前を入力すること）。
〔設定〕１行30字、１頁30行　（制限時間　15分）

広発第１５４号 ← 右寄せする。
令和６年６月７日

東関東高等学校
　進　路　指　導　部　御中

千葉市美浜区豊砂１－３
京葉国際大学
広報課長　新島　隆介

体験入学のご案内 ← フォントは横２００％（横倍角）にし、センタリングする。

拝啓　貴校ますますご発展のこと（と）お喜び申し上げます。
　さて、本年度も高校３年生を対象とした体験入学を、下記のとおり実施いたします。本年度から新たに人文学部に国際交流学科を設置し、海外の交流提携校へのホームステイ実習などを拡充しております。当日は、模擬授業のほか入試説明会なども行います。ぜひ、この機会に一人でも多くのご参加をいただきますようご案内いたします。なお、詳細は同封のパンフレットをご覧ください。
敬　具

記 ← センタリングする。

表の行間は２．０とし、センタリングする。

学　　部	開　催　日　時	集　合
経済経営学部	８月　３日（土）午前９時	柏記念館
人文学部	８月１０日（土）午後１時	１０５教室

枠内で均等割付けする。

以　上

解答→別冊①Ｐ．３

校正記号	意味
体験／拝啓（行間を詰める記号）	行間を詰める

対象（たいしょう）　提携（ていけい）
拡充（かくじゅう）　模擬（もぎ）

7回　3級

次の文書を入力しなさい（ヘッダーには学年、組、番号、名前を入力すること）。
〔設定〕１行30字、１頁28行　（制限時間　15分）

営発第１０６号 ← 右寄せする。
令和７年２月１９日

森ゴルフ株式会社
　販売課長　水野　美貴　様

佐倉市石川１６－３８
ヨコイ通販株式会社
営業課長　浜田　和子

見本品発送ご案内（の）← 一重下線を引き、センタリングする。

拝啓　貴社ますますご発展のこととお喜び申し上げます。さて、当社では、ゴルフウェアの新商品を発売することになりました。このツータイプの半そでシャツは、着るだけでひんやりとした清涼感と速乾機能をもつ快適なウェアです。

　つきましては、見本品をご送付いたしますので、点灯（店頭）などに展示していただき、ご用命賜りますようお願いいたします。

敬　具

記 ← センタリングする。

表の行間は２.０とし、センタリングする。

商　品　名　称	品　番	価　格
ウイングＵＶカットタイプ	Ｗ－７３	１，２５０円
ウッズスーパーモデル	Ｕ－８２５	３，１６０円

枠内で均等割付けする。

以　上

解答→別冊①Ｐ．４

校正記号	意味
ます。｢さて	行を起こす

通販（つうはん）　清涼感（せいりょうかん）
速乾（そっかん）　用命（ようめい）

8回　3級

次の文書を入力しなさい（ヘッダーには学年、組、番号、名前を入力すること）。
〔設定〕１行30字、１頁28行　（制限時間　15分）

総発第８１４５号 ← 右寄せする。
令和６年７月１０日

株式会社　ポニー企画
　経理課　塚本　雅也　様

杉並区荻窪北４－９
　株式会社　藤野陶芸
　　総務部長　栗原　吾郎

口座開設のお知らせ ← フォントは横２００％（横倍角）にし、センタリングする。
拝復　時下ますますご清栄のこととお喜び申し上げます。
　さて、弊社の当座預金口座を下記のとおり新規に開設いたしました。
　現在お振り込みいただいておりますた総合口座は、９月３０日に閉鎖いたします。
　つきましては、８月分からの代金お振り込みにおかれましては、新しい口座をご利用くださいますようお願いいたします。
敬　具 ← 右寄せし、行末に１文字分スペースを入れる。

記

表の行間は２．０とし、センタリングする。

銀　　行	支　　　　店	口　座　番　号
かがやき銀行	小金井南支店	当座１３０４７２９
松島銀行	さくら通駅前支店	当座６２４０８１６

以　上

枠内で均等割付けする。

校正記号	意味
た。⌒現在	行を続ける
た／トル	余分字を削除し詰める

解答→別冊①Ｐ．４

陶芸（とうげい）　清栄（せいえい）
当座（とうざ）　閉鎖（へいさ）

9回　3級

次の文書を入力しなさい（ヘッダーには学年、組、番号、名前を入力すること）。
〔設定〕１行30字、１頁29行　　（制限時間　15分）

総発第１８９号 ← 右寄せする。
令和７年１月１６日

中野商事株式会社
　開発指導部長　林　恵美　様

三鷹市上連雀３－７
西川ＯＡ機器株式会社
総務部長　橋本　豪

パソコン講習会のご案内 ← フォントは横200%（横倍角）にし、センタリングする。
拝復　貴社ますますご隆盛のこととお喜び申し上げます。
　さて、弊社が開催する講習会につきまして、過日ご案内いたしましたが、おかげさまで予想を上回るお申し込みをいただきました。そこで会員の皆様のみを対象とした講習会を追加して、下記のとおり実施いたします。
　内容は、前回に開催した講座と同様です。
　なお、誠に恐縮でございますが、先着順で定員（に）なり次第締め切りとさせていただきますので、早めにお申し込み願います。
敬　具 ← 右寄せし、行末に１文字分スペースを入れる。
記 ← センタリングする。

表の行間は2.0とし、センタリングする。

講　習　内　容	講　習　日	料　金
インターネットと著作権法	２月１５日	５，０００円
ネットワーク構築	２月１６日	８，０００円

枠内で均等割付けする。

以　上 ← 右寄せし、行末に１文字分スペースを入れる。

解答→別冊①Ｐ．５

これ以降は校正記号の解説は入れず、実際の検定試験に準じた問題となっています。

過日（かじつ）　予想（よそう）
恐縮（きょうしゅく）　締め切り（しめきり）

10回　３級　次の文書を入力しなさい（ヘッダーには学年、組、番号、名前を入力すること）。
〔設定〕１行30字、１頁28行　（制限時間　15分）

全研発第１５２号 ←右寄せする。
令和６年６月２０日

サン観光株式会社
　営業部長　野宮　孝司　様

文京区小石川６－４８－３
一般社団法人　全世界研究協会
研究所長　久保　淳一

講演会開催のご案内 ←フォントは横２００％（横倍角）にし、センタリングする。
拝啓　貴社ますますご発展のこととお喜び申し上げます。
　さて当協会では、毎年ご好評をいただいております講演（会）を下記のとおり計画いたしました。今月は、皆様からのご要望にもとづきヨーロッパをテーマといたします。
　なお、当日は混雑が予想されますので、ご参加（出席）の人数をお電話などで７月５日までにお知らせください。
敬　具 ←右寄せし、行末に１文字分スペースを入れる。

記
表の行間は２．０とし、センタリングする。

日　　　程	講　演　内　容	講　　師
７月１２日（金）	ヨーロッパの文化と観光	穂刈周平
７月１９日（金）	パリで見つけた生き方	峰　文子

枠内で均等割付けする。

以　上
右寄せし、行末に１文字分スペースを入れる。

解答→別冊①Ｐ．５

実技問題 ビジネス文書編

観光（かんこう）　講演会（こうえんかい）
好評（こうひょう）　混雑（こんざつ）

11回　3級　次の文書を入力しなさい（ヘッダーには学年、組、番号、名前を入力すること）。
〔設定〕１行30字、１頁29行　（制限時間　15分）

総発第３３９号 ← 右寄せする。
令和７年１月２３日
□
株式会社九州物産
　仕入部長　田島　孝明　様

福岡市博多区元町２－１４
株式会社　西日本衣料
総務部長　井原　洋治

販売価格改定のお願い ← フォントは横２００％（横倍角）にし、センタリングする。
拝啓　貴社ますますご隆昌のこととお喜び申し上げます。
　さて、弊社製品は平成２８年度来、価格を据え置いてまいりましたが、現行のままでは良品質を維持することが難しくなってまいりました。当社としても極力努力してまいりましたが、原材料の口頭（高騰）が著しく、経費節減等では対応できない状況となっております。
　つきましては、来る４月１日より下記価格に改定させていただきたいと存じますので、よろしくお願いいたします。
敬　具

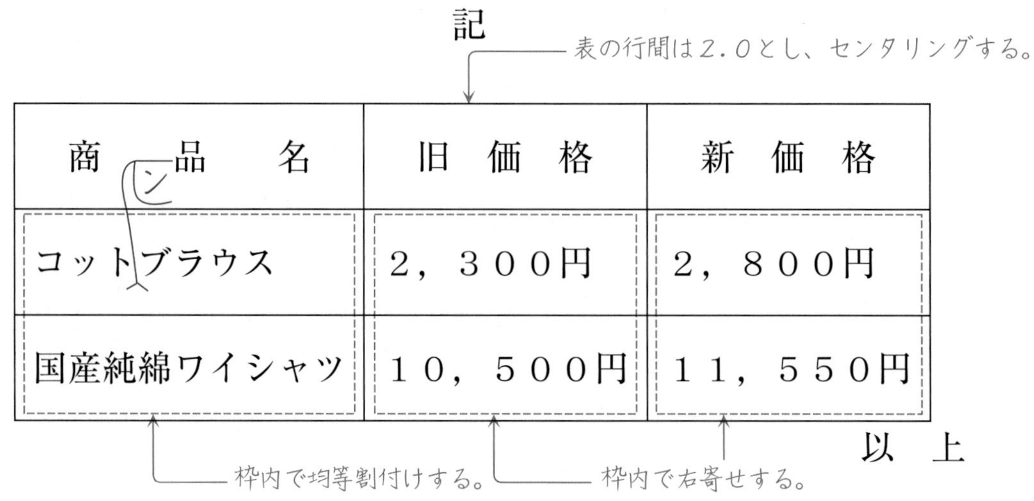

記 ← 表の行間は２.０とし、センタリングする。

商　品　名	旧　価　格	新　価　格
コットブラウス	２，３００円	２，８００円
国産純綿ワイシャツ	１０，５００円	１１，５５０円

枠内で均等割付けする。　枠内で右寄せする。

以　上

解答→別冊①Ｐ．６

隆昌（りゅうしょう）　製品（せいひん）
据え置いて（すえおいて）　高騰（こうとう）

12回　3級　次の文書を入力しなさい（ヘッダーには学年、組、番号、名前を入力すること）。
〔設定〕１行30字、１頁29行　（制限時間　15分）

営発第４５７号　← 右寄せする。
令和６年９月１２日

東海興産株式会社
営業部長　岡田　清司　様

横浜市中区新港２－５－６
神奈川商事株式会社
営業部長　橋野　次郎

展示販売会のお知らせ　← フォントは横２００％（横倍角）にし、センタリングする。
拝啓　貴社ますますご隆盛のこととお喜び申し上げます。
　さて、弊社では、このたび、各国世界から輸入しております家具について、展示販売会を実施することとなりました。カタログではなく、実際の製品をご覧いただいて、品質の高さや洗練されたデザインなどを確かめていただければと思います。なお、詳細につきましては、当社営業部または営業担当者がお伺いした際にお尋ねいただければ幸いです。

敬　具

記　← センタリングする。

表の行間は２．０とし、センタリングする。

開　催　地	日　　　　時	展示会場
横浜会場	１０月１３日午前９時	当社ショールーム
名古屋会場	１０月２０日午後１時	愛知国際会館

枠内で均等割付けする。

以　上

解答→別冊①Ｐ．６

輸入（ゆにゅう）　洗練（せんれん）
伺う（うかがう）　お尋ね（おたずね）

■ 13回　3級 ■　次の文書を入力しなさい（ヘッダーには学年、組、番号、名前を入力すること）。
〔設定〕１行30字、１頁28行　（制限時間　15分）

営発第３２３号
令和７年２月３日

湯浅商事株式会社
　取締役社長　湯浅　哲生□様

京都市大豆島８－１
株式会社　平安運輸
営業課長　石川　良純

配送センター変更について ← 一重下線を引き、センタリングする。

謹啓　貴社ますますご発展のこととお喜び申し上げます。また平素は、格別のお引き立てを頂き、誠にありがとうございます。
　さて、このたび、配送当社センターの取り扱い区域を、下記地域のとおり変更致しました。これによりお得意様には、さらに効率よく、ご注文の商品をお届けすることができると存じます。
　今後とも、ご検討の程、よろしくお願い申し上げます。

敬　具

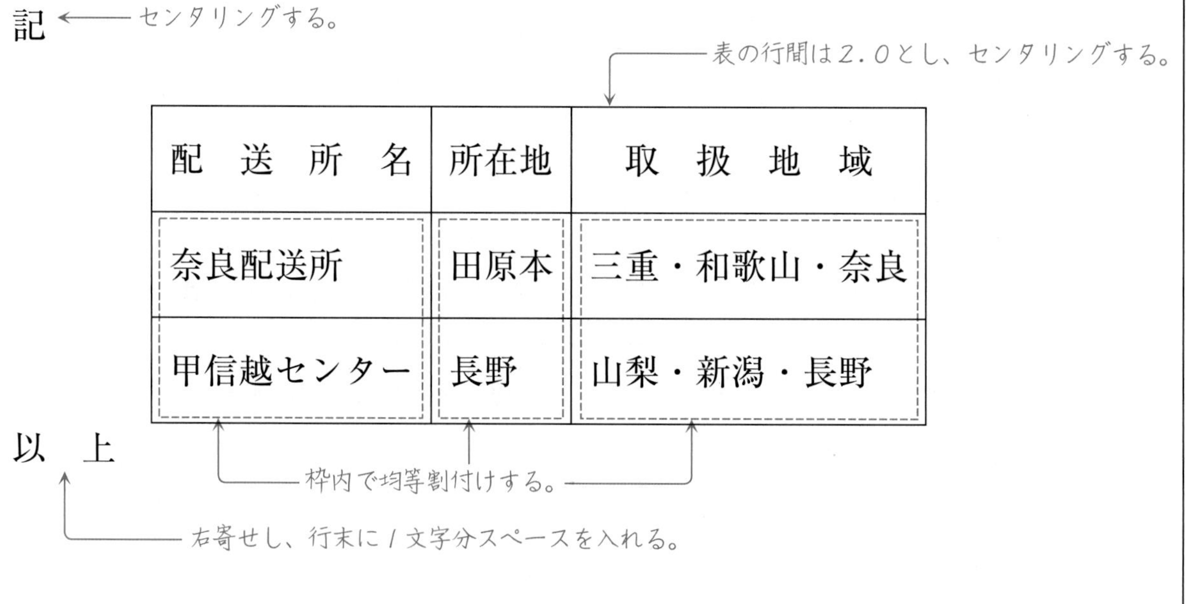

記 ← センタリングする。

表の行間は2.0とし、センタリングする。

配　送　所　名	所在地	取　扱　地　域
奈良配送所	田原本	三重・和歌山・奈良
甲信越センター	長野	山梨・新潟・長野

以　上

枠内で均等割付けする。
右寄せし、行末に１文字分スペースを入れる。

解答→別冊①Ｐ．７

頂き（いただき）　取り扱い（とりあつかい）
得意様（とくいさま）　存じます（ぞんじます）

14回　3級　次の文書を入力しなさい（ヘッダーには学年、組、番号、名前を入力すること）。
〔設定〕１行30字、１頁29行　（制限時間　15分）

営発第３６５号
令和６年９月２０日

株式会社　河野電機
　総務課長　北野　広司　様

新宿区小川町３－５
新関東旅行株式会社
営業課長　遠藤　光男

トラベルエキシビションのご招待 ←一重下線を引き、センタリングする。

拝啓　貴社ますますご隆盛のこととお喜び申し上げます。
　さて、このたび旅の情報を一堂に集めたイベント、「トラベルエキシビション」を開催いたします。会場では、多彩なプログラムやブース展開で、日本をはじめ各国世界・地域の旅を体験していただきます。つきましては、ご招待券を同封させていただきますので、ぜひご来場いただき、本社のブースにもお立ち寄りください。
敬　具

記 ←センタリングする。

表の行間は２．０とし、センタリングする。

入　場　区　分	開　　催　　日	入　場　料
旅行業界関係者	１０月１１日（金）	招待券にて無料
一般入場者	１０月１２日（土）	１，２００円

以　上

枠内で均等割付けする。　枠内で右寄せする。

解答→別冊①Ｐ．７

電機（でんき）　多彩（たさい）
展開（てんかい）　敬具（けいぐ）

15回　3級　次の文書を入力しなさい（ヘッダーには学年、組、番号、名前を入力すること）。

〔設定〕１行30字、１頁28行　　（制限時間　15分）

営発第１５６号
令和６年８月１日

秋葉産業株式会社
　管理部長　長谷川　健司様

中央区八重洲７－４９
株式会社　佐久間電機
営業部長　名取　紗綾

フォントは横２００％（横倍角）にし、一重下線を引き、センタリングする。

新製品発表説明会について

拝啓　貴社ますますご発展のこととお喜び申し上げます。
　さて、弊社では、今回発表いたしました新製品について、下記の日程で説明会を計画いたしました。
　会場では、午前１０時から午後７時まで、当社弊社係員がご相談に応じております。ぜひ、ご来場いただきまして、実際に従来のデザインを一新したＤＶＤレコーダーの新製品を、ご覧くださいますようご案内申し上げます。　敬　具

（「当社」トル）

記　← センタリングする。

表の行間は２.０とし、センタリングする。

日　　　程	場　　　所	支店名
９月１４日（土）	ファストビル	大手町支店
９月１５日（日）	東ウイング産業館	駅前支店

枠内で均等割付けする。

以　上

右寄せし、行末に１文字分スペースを入れる。

解答→別冊①Ｐ．８

産業（さんぎょう）　係員（かかりいん）
相談（そうだん）　一新（いっしん）

16回　3級　次の文書を入力しなさい（ヘッダーには学年、組、番号、名前を入力すること）。
〔設定〕１行30字、１頁28行　（制限時間　15分）

総発第１９６号 ← 右寄せする。
令和６年６月１４日

株式会社　東日本物産
営業部長　梶原　健一　様

千葉市花見川区幕張町１－５２
株式会社　日本ガラス工業
総務部長　木島　孝志

フォントは横２００％（横倍角）にし、センタリングする。
工場見学会のご案内
拝啓　貴社ますますご健勝のこととお喜び申し上げます。平素は各（格）別のご愛顧を賜り、誠にありがとうございます。
　さて、このたび取引業者の皆様からのご要望もありましたことから、製品当社をよりいっそうご理解いただくための工場見学会を下記のように実施することになりました。
　ご多忙中のこととは存じますが、奮ってご参加くださいますようお願い申し上げます。　敬　具

記

表の行間は２.０とし、センタリングする。

工　場	製　品	日　時
木更津工場	食器用グラス	９月１３日１０時
君津工場	建材強化用グラス	９月２７日１１時

枠内で均等割付けする。

以　上
右寄せし、行末に１文字分スペースを入れる。

解答→別冊①Ｐ．８

健勝（けんしょう）　平素（へいそ）
愛顧（あいこ）　奮って（ふるって）

2 筆記問題

機械・機械操作

検定問題 1 2 に出題される内容

※青字部分を特に注意して覚えよう！

分野	用　語	解　説
一般	ワープロ（ワードプロセッサ）	文書の作成、編集、保存、印刷のためのアプリケーションソフトのこと。
	書式設定	用紙サイズ・用紙の方向・１行の文字数・１ページの行数など、作成する文書の体裁（スタイル）を定める作業のこと。
	余白（マージン）	文書の上下左右に設けた何も印刷しない部分のこと。この広さやバランスは、文書の体裁（スタイル）に影響を与える。
	全角文字	日本語を入力するときの標準サイズとなる文字のこと。高さと横幅とが１：１の正方形になる。２バイト系文字ともいう。
	半角文字	横幅が全角文字の半分である文字のこと。高さと横幅とが１：0.5の長方形になる。
	横倍角文字	横幅が全角文字の２倍である文字のこと。高さと横幅とが１：２の長方形になる。横200％と表示されることもある。 全　角：ＡＢＣ 半　角：ABC 横倍角：Ａ Ｂ Ｃ
	アイコン	ファイルの内容やソフトの種類、機能などを小さな絵や記号で表現したもの。デスクトップに表示されるファイルアイコンの他、フォルダやマウスカーソルのアイコンなどもある。
	フォントサイズ	画面での表示や印刷する際の文字の大きさのこと。10～12ポイントが標準である。 １０ポイント　１１ポイント　１２ポイント
	フォント	画面での表示や印刷する際の文字のデザインのこと。
	プロポーショナルフォント	文字ごとに最適な幅を設定するフォントのこと。同じ文字間隔では等幅フォントより多くの文字を配置できる。
	等幅（とうふく）フォント	文字ピッチを均等にするフォントのこと。どの文字も同じ幅で表示するため、行ごとの文字数が同じになる。 ＭＳＰ明朝…あいうえお　←プロポーショナルフォント ＭＳ明朝　…あいうえお　←等幅フォント
	言語バー	画面上で、日本語入力の状態を表示する枠のこと。
	ヘルプ機能	作業に必要な解説文を検索・表示する機能のこと。Ｆ１キーで起動する。
	テンプレート	定型文書を効率よく作成するために用意された文書のひな形のこと。

分野	用　語	解　　説
入力	ＩＭＥ	日本語入力のためのアプリケーションソフトのこと。
	クリック	マウスの左ボタンを押す動作のこと。
	ダブルクリック	マウスの左ボタンを素早く２度続けてクリックする動作のこと。
	ドラッグ	マウスの左ボタンを押したまま、マウスを動かすこと。
	タッチタイピング	キーボードを見ないで、すべての指を使いタイピングする技術のこと。
	学習機能	かな漢字変換において、ユーザの利用状況をもとにして、同音異義語の表示順位などを変える機能のこと。
	グリッド（グリッド線）	画面に表示される格子状の点や線のこと。文字や図形の入力位置を把握するために利用する。
	デスクトップ	ディスプレイ上で、アプリケーションのウィンドウやアイコンを表示する領域のこと。ディスプレイに表示されているファイルやフォルダを保存する記憶領域（フォルダ）でもある。
	ウィンドウ	デスクトップ上のアプリケーションソフトの表示領域および作業領域のこと。
	マウスポインタ（マウスカーソル）	マウスを操作することにより、画面上での選択や実行などの入力位置を示すアイコンのこと。
	カーソル	文字入力の位置と状態を示すアイコンのこと。
	プルダウンメニュー	ウィンドウや画面の上段に表示されている項目をクリックして、より詳細なコマンドがすだれ式に表示されるメニューのこと。
	ポップアップメニュー	画面上のどの位置からでも開くことができるメニューのこと。
キー操作	ショートカットキー	同時に打鍵することにより、特定の操作を素早く実行する複数のキーの組み合わせのこと。
	ファンクションキー	ＯＳやソフトが特定の操作を登録するＦ１からＦ12までのキーのこと。
	テンキー	０から９までのキーを電卓のように配列したキー群のこと。
	Ｆ１	「ヘルプの表示」を実行するキーのこと。
	Ｆ６	「ひらがなへの変換」をするキーのこと。
	Ｆ７	「全角カタカナへの変換」をするキーのこと。
	Ｆ８	ひらがなとカタカナは「半角カタカナへの変換」、英数字はＦ10と同じ変換をするキーのこと。
	Ｆ９	「全角英数への変換」と「大文字小文字の切り替え」をするキーのこと。
	Ｆ10	「半角英数への変換」と「大文字小文字の切り替え」をするキーのこと。  ↑ファンクションキー

分野	用　語	解　説
キー操作	NumLock	「テンキーの数字キーのON／OFF」を切り替えるキーのこと。
	Shift＋CapsLock	「英字キーのシフトのON／OFF」を切り替えるショートカットキーのこと。
	BackSpace	カーソルの左の文字を消去するキーのこと。また、選択した文字やオブジェクトを削除する。
	Delete	カーソルの右の文字を消去するキーのこと。また、選択した文字やオブジェクトを削除する。
	Insert	「上書きモードのON／OFF」を切り替えるキーのこと。
	Tab	指定された位置に、カーソルを順送りするキーのこと。
	Shift+Tab	指定された位置に、カーソルを逆戻りするキーのこと。
	Esc	キャンセルの機能を実行するキーのこと。
	Alt	キー操作によるツールバーのメニュー選択を開始するキーのこと。ショートカットキーの修飾をするキーとしても使う。
	Ctrl	単独では機能せず、ショートカットキーの修飾をするキーのこと。
	PrtSc	表示した画面のデータをクリップボードに保存するキーのこと。
出力	インクジェットプリンタ	液体のインクを用紙に吹き付けて印刷するタイプのプリンタのこと。
	レーザプリンタ	レーザ光線を用いて、トナーを用紙に定着させて印刷するプリンタのこと。
	ディスプレイ	出力装置の一つで、文字や図形などを表示する装置のこと。
	スクロール	ディスプレイの表示内容を上下左右に少しずつ移動させ、隠れて見えなかった部分を表示すること。
	プリンタ	出力装置の一つで、文字や図形などを印刷する装置のこと。
	プリンタドライバ	プリンタを制御するためのソフトウェア（デバイスドライバ）のこと。使用するプリンタに対応したプリンタドライバをインストールしないと、印刷できない。
	プロジェクタ	パソコンやビデオなどからの映像をスクリーンに投影する装置のこと。プレゼンテーションで用いるスライドや映像を提示する。
	スクリーン	ＯＨＰやプロジェクタの提示画面を投影する幕のこと。
	用紙サイズ	プリンタで利用する用紙の大きさのこと。ＪＩＳ規格ではＡ判系列とＢ判系列があり、同じ数字ではＢ判の方が大きい。数字が一つ小さくなると、面積は２倍になる。 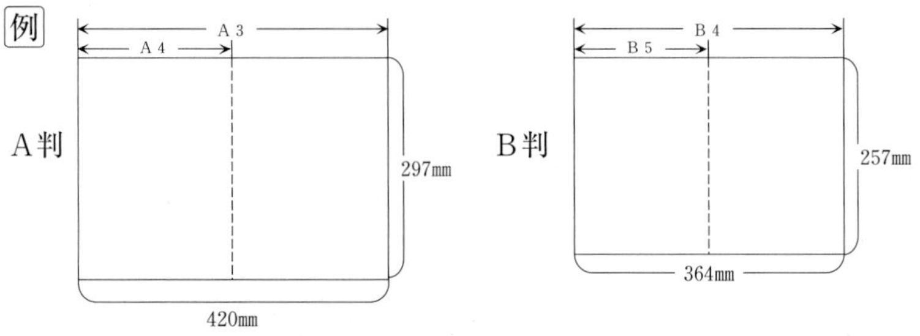 例 Ａ判　Ａ３　Ａ４　297mm　420mm Ｂ判　Ｂ４　Ｂ５　257mm　364mm
	印刷プレビュー	印刷前に仕上がり状態をディスプレイ上に表示する機能のこと。

分野	用　語	解　　説
出力	Aサイズ（A３・A４）	ビジネス文書の国際的な標準サイズのこと。ＪＩＳとＩＳＯで規格されている。210×297㎜の用紙がＡ４で、数字は大きさの序列を意味し、Ａ４の半分がＡ５、２倍がＡ３である。
	Bサイズ（B４・B５）	主に日本国内で使われる用紙サイズ（ローカル基準）のこと。257×364㎜の用紙がＢ４で、数字は大きさの序列を意味し、Ｂ４の半分がＢ５、２倍がＢ３。Ａ４はＢ４とＢ５の中間サイズである。
	インクジェット用紙	インク溶液の発色や吸着に優れた印刷用紙のこと。写真などの印刷には発色が足りず不向きである。塗料を塗布しているので、塗布していない裏側への印刷や、コピー機やページプリンタに対応していない用紙の場合は、不具合が生じることがある。
	フォト用紙	写真などのフルカラー印刷に適した、インクジェットプリンタ専用の印刷用紙のこと。裏面やページプリンタでは印刷できない。
	デバイスドライバ	ＵＳＢメモリやプリンタなど、パソコンに周辺装置を接続し利用するために必要なソフトウェアのこと。周辺装置のメーカーから供給され、接続するとそのセットアップが求められる。
編集	右寄せ（右揃え）	入力した文字列などを行の右端でそろえること。
	センタリング（中央揃え）	入力した文字列などを行の中央に位置付けること。
	左寄せ（左揃え）	入力した文字列などを行の左端でそろえること。
	禁則処理	行頭や行末にあってはならない句読点や記号などを、行末や行頭に強制的に移動する処理のこと。「、」や「。」などは行頭から行末に、「（」や「￥」などは行末から行頭に移動する。 活動２年目を迎えた「 風と水を守る会」では 、新たな会員を募集し ています。 禁則処理後 活動２年目を迎えた 「風と水を守る会」で は、新たな会員を募集 しています。
	均等割付け	範囲指定した文字列を任意の長さの中に均等な間隔で配置する機能のこと。 例　ビジネス基礎　←基準（６文字） 情報処理　←均等割付けなし（４文字） 総　合　実　践　←均等割付けあり（４文字）
	文字修飾	文字の書体を変えたり、模様を付けたりして、文章の一部を強調する機能のこと。下線、**太字（ボールド）**、*斜体（イタリック）*、中抜き、影付きなどがある。 ※文字修飾の種類は個別に出題されることがあります。
	カット＆ペースト	文字やオブジェクトを切り取り、別の場所に挿入する編集作業のこと。
	コピー＆ペースト	文字やオブジェクトを複製し、別の場所に挿入する編集作業のこと。

分野	用語	解説
記憶	保存	作成した文書データをファイルとして記憶すること。最初に保存する際は、名前を付けて保存になる。
	名前を付けて保存	文書データに新しいファイル名や拡張子を付けて保存すること。読み込んだ文書データに別のファイル名を付けて保存すると、以前のファイルはそのまま残る。
	上書き保存	読み込んだ文書データを同じファイル名と拡張子で保存すること。以前のファイルは無くなる。
	フォルダ	ファイルやプログラムなどのデータを保存しておく場所のこと。
	フォーマット（初期化）	記憶媒体をデータの読み書きができる状態にすること。
	単漢字変換	日本語入力システムによるかな漢字変換で、漢字に１文字ずつ変換すること。 例　私/は/母/と/一/緒/に/百/貨/店/に/行/っ/た/。/
	文節変換	日本語入力システムによるかな漢字変換で、文節ごとに変換すること。 例　私は/母と/一緒に/百貨店に/行った。/
	辞書	日本語入力システムで、変換処理に必要な読み仮名に対応した漢字などのデータを収めたファイルのこと。
	ごみ箱	不要になったファイルやフォルダを一時的に保管する場所のこと。「ごみ箱を空にする」操作を行うと、ハードディスクから消去される。 ごみ箱 ◀画面上の「ごみ箱」のアイコン
	互換性	異なる環境であっても同様に使える性質のこと。例えば、互換性のあるテキストファイルを介して、他のソフトと文字データの交換ができる。
	ファイル	パソコンでデータを扱うときの基本単位となるデータのまとまりのこと。
	ドライブ	ハードディスク、ＵＳＢメモリ、ＣＤ／ＤＶＤなどに、データを読み書きする装置のこと。
	ファイルサーバ	端末装置から読み書きできる外部記憶領域を提供するシステムのこと。提供される記憶領域は、端末からフォルダの一つとして認識され、他の人とのデータ共有もできる。
	ハードディスク	磁性体を塗布した円盤を組み込んだ代表的な補助記憶装置のことで、パソコンに内蔵してＯＳなどシステムに必要なデータを記憶するとともに、作成した文書やデータを保存する。
	ＵＳＢメモリ	半導体で構成された外付け用の補助記憶装置のこと。装置が小さく大容量で、読み書きも速く、取り外しが容易である。

筆記問題 1

解答→別冊①P. 9

1 次の各文は何について説明したものか。最も適切な用語を解答群の中から選び、記号で答えなさい。

① 画面での表示や印刷する際の文字のデザインのこと。
② 文書の上下左右に設けた何も印刷しない部分のこと。
③ 画面上のどの位置からでも開くことができるメニューのこと。
④ 文書の作成、編集、保存、印刷のためのアプリケーションソフトのこと。
⑤ プリンタを制御するためのソフトウェア（デバイスドライバ）のこと。
⑥ 文書データに新しいファイル名や拡張子を付けて保存すること。
⑦ 記憶媒体をデータの読み書きができる状態にすること。
⑧ 不要になったファイルやフォルダを一時的に保管する場所のこと。

【解答群】

ア．ごみ箱　イ．ポップアップメニュー　ウ．フォント
エ．名前を付けて保存　オ．余白（マージン）　カ．フォーマット（初期化）
キ．プリンタドライバ　ク．ワープロ（ワードプロセッサ）

	①	②	③	④	⑤	⑥	⑦	⑧
1								

2 次の各用語に対して、最も適切な説明文を解答群の中から選び、記号で答えなさい。

① デスクトップ　② スクロール　③ 上書き保存
④ ＵＳＢメモリ　⑤ 半角文字　⑥ 右寄せ（右揃え）
⑦ 言語バー　⑧ インクジェット用紙

【解答群】

ア．横幅が全角文字の半分である文字のこと。
イ．画面上で、日本語入力の状態を表示する枠のこと。
ウ．ディスプレイ上で、アプリケーションのウィンドウやアイコンを表示する領域のこと。
エ．入力した文字列などを行の右端でそろえること。
オ．ディスプレイの表示内容を上下左右に少しずつ移動させ、隠れて見えなかった部分を表示すること。
カ．インク溶液の発色や吸着に優れた印刷用紙のこと。
キ．読み込んだ文書データを同じファイル名と拡張子で保存すること。以前のファイルは無くなる。
ク．半導体で構成された外付け用の補助記憶装置のこと。

	①	②	③	④	⑤	⑥	⑦	⑧
2								

3 次の各文は何について説明したものか。最も適切な用語を解答群の中から選び、記号で答えなさい。

① ファイルの内容やソフトの種類、機能などを小さな絵や記号で表現したもの。
② 日本語を入力するときの標準サイズとなる文字のこと。
③ かな漢字変換において、ユーザの利用状況をもとにして、同音異義語の表示順位などを変える機能のこと。
④ ＯＨＰやプロジェクタの提示画面を投影する幕のこと。
⑤ レーザ光線を用いて、トナーを用紙に定着させて印刷するプリンタのこと。
⑥ 文字の書体を変えたり、模様を付けたりして、文章の一部を強調する機能のこと。
⑦ 日本語入力システムによるかな漢字変換で、文節ごとに変換すること。
⑧ 端末装置から読み書きできる外部記憶領域を提供するシステムのこと。

【解答群】
ア．アイコン　**イ**．スクリーン　**ウ**．ファイルサーバ
エ．学習機能　**オ**．全角文字　**カ**．文字修飾
キ．文節変換　**ク**．レーザプリンタ

	①	②	③	④	⑤	⑥	⑦	⑧
3								

4 次の各用語に対して、最も適切な説明文を解答群の中から選び、記号で答えなさい。

① コピー&ペースト　② 等幅フォント　③ クリック
④ 保存　⑤ フォト用紙　⑥ カーソル
⑦ ショートカットキー　⑧ 左寄せ（左揃え）

【解答群】
ア．文字ピッチを均等にするフォントのこと。
イ．文字入力の位置と状態を示すアイコンのこと。
ウ．マウスの左ボタンを押す動作のこと。
エ．入力した文字列などを行の左端でそろえること。
オ．特定の操作を素早く実行する複数のキーの組み合わせのこと。
カ．写真などのフルカラー印刷に適した、インクジェットプリンタ専用の印刷用紙のこと。
キ．文字やオブジェクトを複製し、別の場所に挿入する編集作業のこと。
ク．作成した文書データをファイルとして記憶すること。

	①	②	③	④	⑤	⑥	⑦	⑧
4								

筆記問題 2

解答→別冊①P. 9

1 次の各文の下線部について、正しい場合は○を、誤っている場合は最も適切な用語を解答群の中から選び、記号で答えなさい。

① **等幅フォント**とは、文字ごとに最適な幅を設定するフォントのことである。
② ０から９までのキーを電卓のように配列したキー群のことを**テンキー**という。
③ マウスの左ボタンを押したまま、マウスを動かすことを**グリッド**という。
④ ＵＳＢメモリやプリンタなど、パソコンに周辺装置を接続し利用するために必要なソフトウェアのことを**辞書**という。
⑤ 印刷前に仕上がり状態をディスプレイ上に表示する機能のことを**スクロール**という。
⑥ **コピー＆ペースト**とは、文字やオブジェクトを切り取り、別の場所に挿入する編集作業のことである。
⑦ ファイルやプログラムなどのデータを保存しておく場所のことを**フォルダ**という。
⑧ **文節変換**とは、かな漢字変換で、漢字に１文字ずつ変換することである。

【解答群】

ア．デバイスドライバ　イ．ドライブ　ウ．ファンクションキー
エ．カット＆ペースト　オ．単漢字変換　カ．ドラッグ
キ．印刷プレビュー　ク．プロポーショナルフォント

	①	②	③	④	⑤	⑥	⑦	⑧
1								

2 次の各文の下線部について、正しい場合は○を、誤っている場合は最も適切な用語を解答群の中から選び、記号で答えなさい。

① **プロポーショナルフォント**とは、画面での表示や印刷する際の文字の大きさのことである。
② 横幅が全角文字の２倍である文字のことを**半角文字**という。
③ アプリケーションソフトの表示領域および作業領域のことを**デスクトップ**という。
④ キーボードを見ないで、すべての指を使いタイピングする技術のことを**タッチタイピング**という。
⑤ **テンプレート**とは、日本語入力のためのアプリケーションソフトのことである。
⑥ ビジネス文書の国際的な標準サイズのことを**Ｂサイズ（Ｂ４・Ｂ５）**という。
⑦ 端末装置から読み書きできる外部記憶領域を提供するシステムのことを**ファイルサーバ**という。
⑧ 読み込んだ文書データを同じファイル名と拡張子で保存することを**名前を付けて保存**という。

【解答群】

ア．横倍角文字　イ．フォルダ　ウ．スクロール
エ．フォントサイズ　オ．ウィンドウ　カ．ＩＭＥ
キ．上書き保存　ク．Ａサイズ（Ａ３・Ａ４）

	①	②	③	④	⑤	⑥	⑦	⑧
2								

3 次の各文の下線部について、正しい場合は○を、誤っている場合は最も適切な用語を解答群の中から選び、記号で答えなさい。

① 作成する文書の体裁（スタイル）を定める作業を**書式設定**という。
② **学習機能**とは、定型文書を効率よく作成するために用意された文書のひな形のことである。
③ マウスを操作することにより、画面上での選択や実行などの入力位置を示すアイコンのことを**カーソル**という。
④ 出力装置の一つで、文字や図形などを表示する装置を**スクリーン**という。
⑤ **レーザプリンタ**とは、液体のインクを用紙に吹き付けて印刷するタイプのプリンタのことである。
⑥ 行頭や行末にあってはならない句読点や記号などを行末や行頭に強制的に移動する処理のことを**文字修飾**という。
⑦ 異なる環境であっても同様に使える性質のことを**言語バー**という。
⑧ **ＵＳＢメモリ**とは、半導体で構成された外付け用の補助記憶装置のことである。

【解答群】

ア．禁則処理	イ．互換性	ウ．ディスプレイ
エ．テンプレート	オ．ドライブ	カ．インクジェットプリンタ
キ．マウスポインタ	ク．ハードディスク	

	①	②	③	④	⑤	⑥	⑦	⑧
3								

4 次の各文の下線部について、正しい場合は○を、誤っている場合は最も適切な用語を解答群の中から選び、記号で答えなさい。

① 作業に必要な解説文を検索・表示する機能のことを**アイコン**という。
② **クリック**とは、マウスの左ボタンを素早く２度続けてクリックする動作のことである。
③ 画面に表示される格子状の点や線のことを**グリッド（グリッド線）**という。
④ 出力装置の一つで、文字や図形などを印刷する装置のことを**ディスプレイ**という。
⑤ プリンタで利用する用紙の大きさのことを**インクジェット用紙**という。
⑥ **プロジェクタ**とは、パソコンなどからの映像をスクリーンに投影する装置のことである。
⑦ **センタリング（中央揃え）**とは、範囲指定した文字列を任意の長さの中に均等な間隔で配置する機能のことである。
⑧ 磁性体を塗布した円盤を組み込んだ代表的な補助記憶装置のことを**ドライブ**という。

【解答群】

ア．プリンタ	イ．均等割付け	ウ．ダブルクリック
エ．ヘルプ機能	オ．用紙サイズ	カ．ハードディスク
キ．ドラッグ	ク．印刷プレビュー	

	①	②	③	④	⑤	⑥	⑦	⑧
4								

文書の種類・文書の作成と用途

検定問題 3 に出題される内容

分野	用語	解説
通信文書（一般文書）	ビジネス文書	業務の遂行に必要な情報の伝達や意思の疎通、経過の記録などを目的として作成する書類や帳票のこと。ルールや作法があり、標準となる型（テンプレート）を持つことが多い。 ビジネスの現場では、そのスキル（作成に必要な知識と高い技術）が求められる。
	信書	郵便法で定められた、特定の受取人に対し、差出人の意思を表示し、または事実を通知する文書のこと。
	通信文書	業務を行ったり、企業の内外の相手に連絡したりする文書のこと。電子メールなどのディジタル文書も含まれる。
	帳票	必要事項を記入するためのスペースを設け、そのスペースに何を書けばよいのかを説明する最小限の語句が印刷された事務用紙のこと。
	社内文書	社内の人や部署などに出す文書のこと。儀礼的な要素がほとんど無く、用件のみ記入してあるものが多い。
	社外文書	社外の人や取引先などに出す文書のこと。儀礼的な要素を含み、時候の挨拶や末文の挨拶などを加える。
	社交文書	ビジネスでの業務に直接関係のない、折々の挨拶や祝意などを伝える文書のこと。
	取引文書	社外文書のうち、ビジネスでの業務に関する通知を目的とする文書のこと。
文書の構成	社外文書の構成	ビジネス文書全体の組み立てのことで、「前付け」「本文」「後付け」からなる。
	前付け	本文の前に付けるという意味で、文書番号・発信日付・受信者名・発信者名などから構成される。
	本文	その文書の中心となる部分で、件名・前文・主文・末文・別記事項から構成される。
	後付け	本文を補うもので、追伸（追って書き）・同封物指示・担当者名などから構成される。
伝達	受信簿	外部から受け取った文書の日時・発信者・受信者・種類などを記帳したもののこと。
	発信簿	外部へ発送する文書の日時・発信者・受信者・種類などを記帳したもののこと。
	書留	引受けから配達に至るまでの全送達経路を記録し、配達先に手渡しをして確実な送達を図る郵便物のこと。
	簡易書留	引受けと配達時点での記録をし、配達先に手渡しをして確実な送達を図る郵便物のこと。
	速達	通常の郵便物や荷物に優先して、迅速に送達される郵便物のこと。原則として手渡しだが、不在時は投函されることもある。
	親展	その手紙を名宛人自身が開封するよう求めるための指示のこと。

〔記号の読みと使用例〕

区分	記号	読　み	使　用　方　法
記述記号	、	読点	文の途中の区切り符号
	。	句点	一文の最後の区切り符号
	,	コンマ	①読点　②数値の桁区切り符号
	.	ピリオド	①句点　②小数点　③（コンピュータ）拡張子の区切り符号
	・	中点	①単語の区切り　②外国人名の区切り
	:	コロン	①用語・記号とその説明の区切り ②ドライブ名とディレクトリの区切り　③時刻の区切り
	;	セミコロン	①単語の区切り　②Toなどでメールアドレスの区切り
	_	アンダーライン	①メールアドレス内での語の区切り ②（コンピュータ）データベースの１字のワイルドカード ☆JIS通称名称での表記はアンダライン
	ー	長音記号	カタカナの伸びる音　☆郵便番号や住所などの区切りとして使わない。
単位記号	¥	円記号	円通貨の単位記号
	$	ドル記号	ドル通貨の単位記号
	€	ユーロ記号	ユーロ通貨の単位記号
	£	ポンド記号	ポンド通貨の単位記号
一般記号	%	パーセント	①百分率　②（コンピュータ）データベースのワイルドカード
	&	アンパサンド	andの記号
	*	アステリスク	①箇条書きの先頭につける　②（コンピュータ）乗算 ③（コンピュータ）Windowsのワイルドカード
	@	単価記号	①単価　②メールアドレスの区切り符号 例　toho999@tokyo_kk.co.jp
漢字に準じる記号	〃	同じく記号	表内で、上または右の枠と内容が同じ場合に用いる。
	々	繰返し記号	漢字が連続重複する際に用いる。
	〆	しめ	①締め切り　②封緘（ふうかん）の印

〔マーク・ランプの呼称と意味〕

区分	マーク・ランプ	読　み	意　味
マーク	｜	電源オン	電源を入れるスイッチに表示する。
	○	一重丸（電源オフ）	電源を切るスイッチに表示する。
	⏻	電源マーク	電源スイッチに表示する。
	⏼	電源オンオフ	電源のOn／Offを切り替えるスイッチに表示する。
	⏾	電源スリープ	スリープ状態のOn／Offを切り替えるスイッチに表示する。
	[無線LANマーク]	無線LAN	無線LANを示す。
	[USBマーク]	ＵＳＢ	ＵＳＢの規格で通信できるケーブルや端子に表示する。
ランプ	[電源ランプ]	電源ランプ	電源のOn／Off／Sleepの状態を示す。
	[アクセスランプ]	アクセスランプ	ハードディスクで読み書きしている状況を示す。
	[バッテリーランプ]	バッテリーランプ	バッテリーの残量や充電の状況を示す。
	[NumLockランプ]	NumLockランプ	NumLockが有効（テンキーが数字キーの状態）であることを示す。
	[CapsLockランプ]	CapsLockランプ	CapsLockが有効（英字キーが大文字の状態）であることを示す。
	[ScrollLockランプ]	ScrollLockランプ	ScrollLockが有効（矢印キーでスクロールできる状態）であることを示す。

検定問題 4 に出題される内容（ビジネス文書の構成の典型的な例）

前付け

営発第３４１号 ❶文書番号

令和○年１０月２０日 ❷発信日付

❸受信者名

関西商事株式会社

□営　業　部　御中

右寄せ

敬称　❹発信者名

名古屋市港区空見町１３－１６□

関東商事株式会社

営業部長　川越　雄一郎㊞

センタリング　押印

本文

❻頭語　時候の挨拶　新商品展示会のご案内　❺件名

拝啓□○○の候、貴社ますますご隆盛のこととお喜び申し上げます。 ❼前文

□さて、このたび当社の新商品が、来年１月１９日より販売を開始することとなりました。今回の商品は、従来品と比較し性能が大きく向上するとともに、新たに小規模工場向けのシリーズも登場いたします。つきましては、下記のような日程で展示会を開催いたしますので、ぜひご来場いただきまして、新商品をご覧くださいますようお願い申し上げます。 ❽主文

□まずはご案内かたがたお願い申し上げます。 ❾末文

右寄せ　敬□具□

センタリング　❿結語

記

会　場　名	開　　催　　日　　時	開 催 場 所
名古屋会場	１２月１１日（月）　午後１時	愛 知 会 館
大 阪 会 場	１２月１８日（月）　午前９時	難波ホール

⓫別記事項

後付け

□なお、新商品については営業部までご連絡ください。 ⓬追伸（追って書き）

□同封物　新商品パンフレット

⓭同封物指示　右寄せ　以□上□

⓮担当者名　担当：営業部販売一課□□

水野　秀樹□□

余白（マージン）

余白（マージン）…以下のような設定で余白をとる。

- 上下左右：20㎜以上30㎜以下とする。
- 綴じるため、左を右より広くとることがある。

構成要素の詳細は次ページ参照→

筆記問題 ビジネス文書編

<table>
<tr><th>文書の構成</th><th>構成要素</th><th>構成要素の説明</th></tr>
<tr><td rowspan="4">前付け</td><td>①文書番号</td><td>会社ごとの文書規定などに基づいて付け、発信簿（発信者）と受信簿（受信者）に記入する。</td></tr>
<tr><td>②発信日付</td><td>発送する予定の日を記入し、発信簿に記帳する。</td></tr>
<tr><td>③受信者名</td><td>文書の受取人のこと。１行の場合は、１字の字下げをする。
敬称：受信者により使用する敬称が異なる。
A．個人宛
・「様」個人１人に宛てる際に、氏名に付ける。
・「殿」公共機関や組織から個人に送る場合や、目上の人から目下の人に宛てる際に付けることがあるが、一般的には「様」を用いる。
・「先生」議員や医師、教師などの職に就く人の氏名に付ける。
B．団体宛
・「御中」官公庁や学校、企業や委員会などの組織や団体に出す場合、団体名に付ける。
C．複数人
・「各位」会員など複数の個人を意味する名称に付ける。
D．郵送などで用いる敬称
・「様方」世帯主（送り先）と受取人が違う場合、世帯主に付ける。
・「行（宛）」返信用の宛先として発信者が自分の氏名に付ける。返信者は返信する際に二重線で消し、企業名などの場合は「御中」、個人の場合は「様」に書き換える。
例　若野　太郎　<s>行</s>　様
・「気付」送り先に所属していない組織・相手に送る際に、送り先に付ける。
例　○○結婚式場　気付　○○新郎　様</td></tr>
<tr><td>④発信者名</td><td>文書の差出人のこと。この文書の責任者になる。
押印：役職に基づき、社印・職印・個人印などの印影を付ける。</td></tr>
<tr><td rowspan="2">本文</td><td>⑤件名</td><td>文書の内容を簡素にまとめたもの。</td></tr>
<tr><td>⑥頭語と
⑩結語</td><td>文書の内容に合わせて頭語を使い分ける。頭語の後に句読点は付けない。
頭語と対応する結語を付ける。
<table>
<tr><th>文書の内容</th><th>使う頭語と結語（頭語—結語）</th></tr>
<tr><td>最も一般的な例</td><td>拝啓—敬具、敬白</td></tr>
<tr><td>おめでたい内容の場合</td><td>謹啓—謹言、謹白</td></tr>
<tr><td>返信の場合</td><td>拝復—敬具、敬答</td></tr>
<tr><td>親しい相手などで、
前文を省略する場合</td><td>前略—草々、不一
※草々は早々と誤りやすいので注意する。</td></tr>
</table></td></tr>
<tr><td rowspan="3">後付け</td><td>⑫追伸
（追って書き）</td><td>⑧主文で書き残した事項がある場合に記入する。</td></tr>
<tr><td>⑬同封物指示</td><td>文書に同封した物の名称や数を記入する。</td></tr>
<tr><td>⑭担当者名</td><td>実際に文書を作成した担当者名を記入する。</td></tr>
</table>

※**太字**の用語は個別に出題されることがあります。

校正記号			
行を起こす	（例）	このような課題も残っている。一方で、	
	（校正結果）	このような課題も残っている。 　一方で、	
行を続ける	（例）	老後を海外で過ごす人が増えている。 　その理由は、	
	（校正結果）	老後を海外で過ごす人が増えている。その理由は、	
誤字訂正	（例）	日本人が、努力を（は）	
	（校正結果）	日本人は、努力を	
	（例）	日本人は、意欲を（努力）	
	（校正結果）	日本人は、努力を	
余分字を削除し詰める	（例）	日本人がは、努力を（トル）	（注）「トル」は「トルツメ」でも可
	（校正結果）	日本人は、努力を	
	（例）	日本人は、懸命な努力を（トル）	（注）「トル」は「トルツメ」でも可
	（校正結果）	日本人は、努力を	
余分字を削除し空けておく	（例）	日本とアメリカ（トルアキ）	（注）「トルアキ」は「トルママ」でも可
	（校正結果）	日本　アメリカ	
	（例）	日本とかアメリカ（トルアキ）	（注）「トルアキ」は「トルママ」でも可
	（校正結果）	日本　　アメリカ	
脱字補充	（例）	今後、官・民が協力し（は）	
	（校正結果）	今後は、官・民が協力し	

校正記号			
脱字補充	（例）　今後は、官民が協力し		
	（校正結果）今後は、官・民が協力し		
空け	（例）　販売部長様	（例）　1．日　時 2．会　場	
	（校正結果）販売部長　様	（校正結果）　1．日　時 2．会　場	
詰め	（例）　全　商　太郎　様	（例）　1．日　時 2．会　場	
	（校正結果）全商　太郎　様	（校正結果）　1．日　時 2．会　場	
入れ替え	（例）　議会に参加した	（例）　第３位 第２位	
	（校正結果）会議に参加した	（校正結果）　第２位 第３位	
移動	（例）　Ａ４Ｂ５	（例）　かきく けこ	
	（校正結果）Ａ４　　Ｂ５	（校正結果） かきくけこ	
大文字に直す	（例）　Ａｄｓｌ	（例）ａｄｓｌ	
	（校正結果）ＡＤＳＬ	Ａｄｓｌ	
書体変更	（例）　ゴ 要点の強調	（注）「ゴ」は「ゴシック体」・「ゴチ」でも可	
	（校正結果）**要点の強調**		
ポイント変更	（例）　24ポ タイトル	（注）「ポ」は「ポイント」でも可	
	（校正結果）タイトル		
下付き（上付き）文字に直す	（例）　Ｈ２Ｏ	（例）　ｍ２	
	（校正結果）H_2O	（校正結果）m^2	
上付き（下付き）文字を下付き（上付き）文字にする	（例）　H^2O	（例）　m_2	
	（校正結果）H_2O	（校正結果）m^2	

筆記問題 3

解答→別冊①P. 9

1 次の各文の〔　〕の中から最も適切なものを選び、記号で答えなさい。

① 業務の遂行に必要な情報の伝達や意思の疎通、経過の記録などを目的として作成する書類や帳票のことを〔ア．信書　イ．社交文書　ウ．ビジネス文書〕という。

② 〔ア．後付け　イ．前付け〕とは、本文の前に付けるという意味で、文書番号・発信日付・受信者名・発信者名などから構成される。

③ 〔ア．ショートカットキー　イ．ファンクションキー〕とは、特定の操作を素早く実行する複数のキーの組み合わせのことである。

④ 記号 ． の読みは、〔ア．ピリオド　イ．句点　ウ．読点〕である。

⑤ 通常の郵便物や荷物に優先して、迅速に送達される郵便物のことを〔ア．親展　イ．書留　ウ．速達〕という。

⑥ ドル通貨の単位記号は、〔ア．￥　イ．$　ウ．€〕である。

⑦ 〔ア．[NumLock]　イ．[Insert]　ウ．[BackSpace]〕とは、「テンキーの数字キーのON／OFF」を切り替えるキーのことである。

⑧ 社外文書のうち、ビジネスでの業務に関する通知を目的とする文書のことを〔ア．取引文書　イ．社交文書〕という。

	①	②	③	④	⑤	⑥	⑦	⑧
1								

2 次の各文の〔　〕の中から最も適切なものを選び、記号で答えなさい。

① 「全角英数への変換」と「大文字小文字の切り替え」をするキーは〔ア．[F8]　イ．[F9]　ウ．[F10]〕である。

② 外部へ発送する文書の日時・発信者・受信者・種類などを記帳したものを〔ア．発信簿　イ．受信簿　ウ．帳票〕という。

③ 記述記号 ； の読みは、〔ア．コンマ　イ．セミコロン　ウ．コロン〕である。

④ 「英字キーのシフトのON／OFF」を切り替えるショートカットキーは、〔ア．[Insert]　イ．[F1]　ウ．[Shift]＋[CapsLock]〕である。

⑤ 記号〔ア．々　イ．〻　ウ．ー〕の読みは、同じく記号である。

⑥ 〔ア．社内の人や部署などに出す文書　イ．ビジネスでの業務に直接関係のない、折々の挨拶や祝意などを伝える文書　ウ．社外の人や取引先などに出す文書〕のことを社外文書という。

⑦ その手紙を名宛人自身が開封するよう求めるための指示を〔ア．親展　イ．書留　ウ．速達〕という。

⑧ 業務を行ったり、企業の内外の相手に連絡したりする文書のことを〔ア．取引文書　イ．通信文書　ウ．帳票〕という。

	①	②	③	④	⑤	⑥	⑦	⑧
2								

筆記問題 4

解答→別冊①P. 9

1　次の文書についての各問いの答えとして、最も適切なものをそれぞれのア～ウの中から選び、記号で答えなさい。

A　総発第２０８号
B　　令和○年７月１８日

株式会社人事スタッフ
　営業部長　木島　謙一　C

D［東］
東京都台東区上野７－１－５
とうほう商事株式会社
総務部長　水川　義男

E
F　貴社ますます・・・・・・・・・・・・・・・・・・・・。

① Aに設定されている書式はどれか。
　ア．均等割付け　　イ．右寄せ　　ウ．センタリング
② Bの名称はどれか。
　ア．受信日付　　イ．文書番号　　ウ．発信日付
③ Cに入れる敬称はどれか。
　ア．様　　イ．各位　　ウ．御中
④ Dの正しい校正結果はどれか。
　ア．台東区東７　　イ．台東区上野東７　　ウ．台東区東上野７
⑤ Eに入れる構成の種類はどれか。
　ア．件名　　イ．前文　　ウ．結語
⑥ Fに入る頭語はどれか。
　ア．草々　　イ．拝啓　　ウ．前略

	①	②	③	④	⑤	⑥
1						

2　次の各問いの答えとして、最も適切なものをそれぞれのア～ウの中から選び、記号で答えなさい。

① 「人発第１８６号」のように会社ごとの文書規定に基づいた記述はどれか。
　ア．追伸　　イ．発信者名　　ウ．文書番号
② テンキーで数字を入力できなくなった際に、確認すべきランプはどれか。
　ア．1　　イ．↑↓　　ウ．A
③ 頭語と結語の正しい組み合わせはどれか。
　ア．拝復－敬白　　イ．拝啓－草々　　ウ．謹啓－謹白
④ 下の正しい校正結果はどれか。

新人研修の派遣講師依頼

　ア．研修の講師依頼　　イ．研修の講師派遣依頼　　ウ．研修の派遣依頼

⑤ 表示した画面のデータをクリップボードに保存するキーはどれか。

ア．Tab　　イ．PrtSc　　ウ．Alt

⑥ 余白（マージン）の取り方はどれか。

ア．20㎜以上40㎜以下　　イ．30㎜以上40㎜以下　　ウ．20㎜以上30㎜以下

	①	②	③	④	⑤	⑥
2						

3 次の文書についての各問いの答えとして、最も適切なものをそれぞれのア～ウの中から選び、記号で答えなさい。

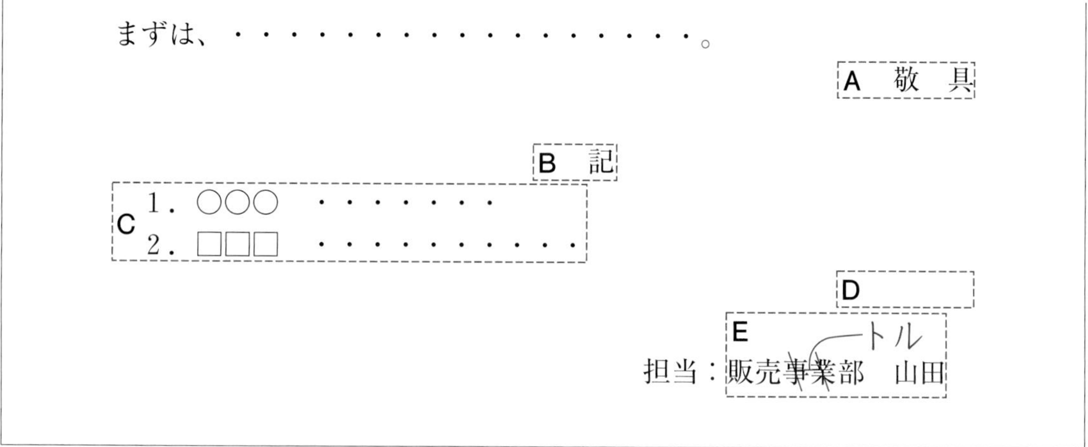

① Aの名称はどれか。

ア．結語　　イ．末文　　ウ．頭語

② Bに設定されている書式はどれか。

ア．均等割付け　　イ．センタリング　　ウ．右寄せ

③ Cの名称はどれか。

ア．主文　　イ．後付け　　ウ．別記事項

④ Dに入る語句はどれか。

ア．以　上　　イ．草　々　　ウ．以　下

⑤ Eの正しい校正結果はどれか。

ア．事業販売部　山田　　イ．販売部　山田　　ウ．販売トル部　山田

⑥ 追伸（追って書き）を記入する場所はどれか。

ア．AとBの間　　イ．CとDの間　　ウ．DとEの間

	①	②	③	④	⑤	⑥
3						

※本番の検定試験は白黒印刷。

漢字・熟語

検定問題 5 6 7 8 に出題される内容

（1） 誤りやすい現代仮名遣い

※一般に許容されている場合でも、本則ではないので誤答となる。

①「ず」と「づ」の区別

「ず」を用いる例

語句	正	誤
何れ	いずれ	いづれ
渦	うず	うづ
訪れる	おとずれる	おとづれる
築く	きずく	きづく
靴擦れ	くつずれ	くつづれ
削る	けずる	けづる
洪水	こうずい	こうづい
さしずめ	さしずめ	さしづめ
授ける	さずける	さづける
静かだ	しずかだ	しづかだ
滴	しずく	しづく
随分	ずいぶん	づいぶん
図画	ずが	づが
頭上	ずじょう	づじょう
鈴	すず	すづ
大豆	だいず	だいづ
地図	ちず	ちづ
恥ずかしい	はずかしい	はづかしい
自ら	みずから	みづから
珍しい	めずらしい	めづらしい
物好き	ものずき	ものづき
譲る	ゆずる	ゆづる

語句	本則	許容
世界中	せかいじゅう	せかいぢゅう
稲妻	いなずま	いなづま
腕ずく	うでずく	うでづく
絆	きずな	きづな
黒ずくめ	くろずくめ	くろづくめ
杯	さかずき	さかづき
一つずつ	ひとつずつ	ひとつづつ
融通	ゆうずう	ゆうづう

「づ」を用いる例

語句	正	誤
愛想づかし	あいそづかし	あいそずかし
裏付け	うらづけ	うらずけ
お小遣い	おこづかい	おこずかい
会社勤め	かいしゃづとめ	かいしゃずとめ
片づく	かたづく	かたずく
気付く	きづく	きずく
心尽くし	こころづくし	こころずくし
心強い	こころづよい	こころずよい
小突く	こづく	こずく
小包	こづつみ	こずつみ
ことづて	ことづて	ことずて
言葉遣い	ことばづかい	ことばずかい
竹筒	たけづつ	たけずつ
手綱	たづな	たずな
近付く	ちかづく	ちかずく
つくづく	つくづく	つくずく
続く	つづく	つずく
鼓	つづみ	つずみ
綴る	つづる	つずる
常々	つねづね	つねずね
手作り	てづくり	てずくり
新妻	にいづま	にいずま
箱詰め	はこづめ	はこずめ
働きづめ	はたらきづめ	はたらきずめ
ひづめ	ひづめ	ひずめ
髭面	ひげづら	ひげずら
松葉杖	まつばづえ	まつばずえ
三日月	みかづき	みかずき
道連れ	みちづれ	みちずれ
基づく	もとづく	もとずく
行き詰まる	ゆきづまる	ゆきずまる
鷲掴み	わしづかみ	わしずかみ

②「ぢ」と「じ」の区別

「ぢ」を用いる例

語句	正	誤
一本調子	いっぽんぢょうし	いっぽんじょうし
入れ知恵	いれぢえ	いれじえ
こぢんまり	こぢんまり	こじんまり
御飯茶碗	ごはんぢゃわん	ごはんじゃわん
底力	そこぢから	そこじから
近々	ちかぢか	ちかじか
縮む	ちぢむ	ちじむ
鼻血	はなぢ	はなじ
間近	まぢか	まじか
身近	みぢか	みじか

「じ」を用いる例

語句	正	誤
味	あじ	あぢ
著しい	いちじるしい	いちぢるしい
生地	きじ	きぢ
こじあける	こじあける	こぢあける
地震	じしん	ぢしん
実は	じつは	ぢつは
自分	じぶん	ぢぶん
自慢	じまん	ぢまん
地面	じめん	ぢめん
述語	じゅつご	ぢゅつご
正直	しょうじき	しょうぢき
当日	とうじつ	とうぢつ
閉じる	とじる	とぢる
布地	ぬのじ	ぬのぢ
初め	はじめ	はぢめ
恥じる	はじる	はぢる

③「う」と「お」の区別

「う」を用いる例

語句	正	誤
妹	いもうと	いもおと
扇	おうぎ	おおぎ
往復	おうふく	おおふく
横暴	おうぼう	おおぼう
オウム	おうむ	おおむ
おはよう	おはよう	おはよお
興味	きょうみ	きょおみ
効果	こうか	こおか
被る	こうむる	こおむる
さようなら	さようなら	さよおなら
勝利	しょうり	しょおり
妥協	だきょう	だきょお
峠	とうげ	とおげ
冬至	とうじ	とおじ
同時	どうじ	どおじ
灯台	とうだい	とおだい
尊い	とうとい	とおとい
道理	どうり	どおり
豊作	ほうさく	ほおさく
放る	ほうる	ほおる
毛布	もうふ	もおふ
猛烈	もうれつ	もおれつ
八日	ようか	よおか

「お」を用いる例

語句	正	誤
憤る	いきどおる	いきどうる
いとおしい	いとおしい	いとうしい
多い	おおい	おうい
大いに	おおいに	おういに
大きい	おおきい	おうきい
大盛り	おおもり	おうもり
仰せ	おおせ	おうせ
概ね	おおむね	おうむね
公	おおやけ	おうやけ
おおよそ	おおよそ	おうよそ
氷	こおり	こうり
凍る	こおる	こうる
遠い	とおい	とうい
十日	とおか	とうか
通る	とおる	とうる
滞る	とどこおる	とどこうる
炎	ほのお	ほのう
催す	もよおす	もようす

④「わ」と「は」の区別

「わ」を用いる例

語句	正	誤
嬉しいわ	うれしいわ	うれしいは
うわ！　大変だ。	うわ！　たいへんだ。	うは！　たいへんだ。
来るわ来るわ	くるわくるわ	くるはくるは
雨が降るわ	あめがふるわ	あめがふるは
風も吹くわ	かぜもふくわ	かぜもふくは
食うわ飲むわ	くうわのむわ	くうはのむは
楽しいわ	たのしいわ	たのしいは
すわ、一大事	すわ、いちだいじ	すは、いちだいじ
いまわの際	いまわのきわ	いまはのきわ

「は」を用いる例

語句	正	誤
或いは	あるいは	あるいわ
いずれは	いずれは	いずれわ
おそらくは	おそらくは	おそらくわ
今日は	こんにちは	こんにちわ
今晩は	こんばんは	こんばんわ
ついては	ついては	ついてわ
では	では	でわ
とはいえ	とはいえ	とわいえ
又は	または	またわ
もしくは	もしくは	もしくわ
願わくは	ねがわくは	ねがわくわ
惜しむらくは	おしむらくは	おしむらくわ

(2) 漢字の読み

☆付表の語を構成要素とする熟語として出題することもある。
例 付表の語河岸（かし） → 熟語魚河岸（うおがし）

①熟字訓とあて字（「常用漢字表付表より」）

あ行

あす	明日
あずき	小豆
あま	海女・海士
いおう	硫黄
いくじ	意気地
いなか	田舎
いぶき	息吹
うなばら	海原
うば	乳母
うわき	浮気
うわつく	浮つく
えがお	笑顔
おじ	叔父・伯父
おとな	大人
おとめ	乙女
おば	叔母・伯母
おまわりさん	お巡りさん
おみき	お神酒
おもや	母屋・母家

か行

かあさん	母さん
かぐら	神楽
かし	河岸
かじ	鍛冶
かぜ	風邪
かたず	固唾
かな	仮名
かや	蚊帳
かわせ	為替
かわら	河原・川原
きのう	昨日
きょう	今日
くだもの	果物
くろうと	玄人
けさ	今朝
けしき	景色
ここち	心地
こじ	居士
ことし	今年

さ行

さおとめ	早乙女
ざこ	雑魚
さじき	桟敷
さしつかえる	差し支える
さつき	五月
さなえ	早苗
さみだれ	五月雨
しぐれ	時雨
しっぽ	尻尾
しない	竹刀
しにせ	老舗
しばふ	芝生
しみず	清水
しゃみせん	三味線
じゃり	砂利
じゅず	数珠
じょうず	上手
しらが	白髪
しろうと	素人
しわす	師走
（「しはす」とも言う。）	
すきや	数寄屋・数奇屋
すもう	相撲
ぞうり	草履

た行

だし	山車
たち	太刀
たちのく	立ち退く
たなばた	七夕
たび	足袋
ちご	稚児
ついたち	一日
つきやま	築山
つゆ	梅雨
でこぼこ	凸凹
てつだう	手伝う
てんません	伝馬船
とあみ	投網
とうさん	父さん
とえはたえ	十重二十重
どきょう	読経
とけい	時計
ともだち	友達

な行

なこうど	仲人
なごり	名残
なだれ	雪崩
にいさん	兄さん
ねえさん	姉さん
のら	野良
のりと	祝詞

は行

はかせ	博士
はたち	二十・二十歳
はつか	二十日
はとば	波止場
ひとり	一人
ひより	日和
ふたり	二人
ふつか	二日
ふぶき	吹雪
へた	下手
へや	部屋

ま行

まいご	迷子
まじめ	真面目
まっか	真っ赤
まっさお	真っ青
みやげ	土産
むすこ	息子
めがね	眼鏡
もさ	猛者
もみじ	紅葉
もめん	木綿
もより	最寄り

や行

やおちょう	八百長
やおや	八百屋
やまと	大和
やよい	弥生
ゆかた	浴衣
ゆくえ	行方
よせ	寄席

わ行

わこうど	若人

(3)　慣用句・ことわざ

あ　行

愛想が尽きる
間に立つ
間に入る
相槌を打つ
合いの手を入れる
合間を縫う
阿吽の呼吸
煽りを食う
垢抜ける
明るみに出る
飽きが来る
あぐらをかく
揚げ足を取る
顎を出す
顎で使う
足が出る
足が早い
足並みが揃う
足場を固める
足を奪われる
足をすくわれる
足を伸ばす
足を運ぶ
足を棒にする
頭打ちになる
頭が上がらない
頭が固い
頭が下がる
頭が低い
頭を痛める
頭を抱える
頭を掻く
頭を下げる
頭を絞る
頭をひねる
頭をもたげる
当たりがいい
当たりを付ける
後押しをする
後釜に据える
後釜に座る
後の祭り
穴があく
穴を埋める
脂が乗る
油を売る
網の目をくぐる
荒波に揉まれる
泡を食う
暗礁に乗り上げる
案に相違して
怒り心頭に発する
息が合う
息が切れる
息を抜く
意気が揚がる
意気に燃える
威儀を正す
意気地がない
異彩を放つ
石にかじりつく
意地を張る
板に付く
一も二もなく
一翼を担う
一計を案じる
一考を要する
一刻を争う
一矢を報いる
一石を投じる
一途をたどる
意に介さない
意にかなう
意を決する
否が応でも
意を尽くす
意を用いる
いの一番
意表を突く
色があせる
異を唱える
違和感を覚える
色を付ける
言わざるを得ない
言わずと知れた
言わぬが花
上を下への
浮き彫りにする
受けがいい
後ろ髪を引かれる
疑いを挟む
腕が上がる
腕が立つ
腕が鳴る
腕によりを掛ける
腕を振るう
腕を磨く
打てば響く
鵜呑みにする
馬が合う
有無を言わせず
裏表がない
裏目に出る
雲泥の差
英気を養う
悦に入る
襟を正す
縁起を担ぐ
お伺いを立てる
大台に乗る
大目に見る
お株を奪う
後れを取る
押しが利く
押しが強い
押しも押されもせぬ
お茶を濁す
汚名を返上する
思いも寄らない
重きを置く
重きをなす
表に立つ
重荷を下ろす
及び腰になる
折り合いが付く
尾を引く
折り紙を付ける
音頭を取る
恩に着る

か　行

顔が売れる
顔が利く
顔が立つ
顔が広い
顔から火が出る
顔を合わせる
顔を出す
顔を繋ぐ
核心を突く
影を潜める
笠に着る
舵を取る
固唾を呑む
肩で風を切る
肩の荷が下りる
肩を入れる
肩を落とす
肩を貸す
肩をすぼめる
肩を並べる
肩を持つ
片が付く
勝手が違う
勝手が悪い
活路を見いだす
角が立つ
角が取れる
金を食う
株が上がる
兜を脱ぐ
壁に突き当たる
我を折る
我を張る
間隙を縫う
勘定に入れる
歓心を買う
噛んで含める
間髪を入れず
気合いを入れる
気が合う
気が置けない
気が回る
気が休まる
傷を負う
犠牲を払う
機先を制する
機知に富む
機転が利く
軌道に乗る
気は心
肝が据わる
肝を冷やす
肝に銘じる
急場をしのぐ
窮余の一策
岐路に立つ
機を逸する
気を配る
気を許す
釘を刺す
苦言を呈する
口が堅い
口が減らない
口に合う
口にする
口を切る
口を出す
口をついて出る

首を傾げる
首を長くする
群を抜く
芸が細かい
景気を付ける
計算に入れる
桁が違う
けりを付ける
強情を張る
公然の秘密
功成り名遂げる
頭を垂れる
声が弾む
声を落とす
声を掛ける
黒白をつける
心が通う
心が弾む
心に刻む
心を打つ
心を砕く
腰が低い
腰が抜ける
腰を入れる
腰を据える
事が運ぶ
事もなく
言葉を返す
言葉を濁す
小回りが利く
小耳に挟む
根を詰める

さ 行

最後を飾る
幸先がいい
採算がとれる
先が見える
先を争う
匙を投げる
察しが付く
様になる
算段がつく
思案に暮れる
潮時を見る
歯牙にも掛けない
姿勢を正す
舌が肥える
舌が回る
舌鼓を打つ
舌を巻く
尻尾をつかむ
しのぎを削る
自腹を切る
しびれを切らす
始末をつける
示しがつかない
終止符を打つ
衆知を集める
趣向を凝らす
手中に収める
手腕を振るう
焦点を絞る
食が進む
食指が動く
触手を伸ばす
初心に返る
白羽の矢が立つ
尻に火が付く
尻を叩く
時流に乗る
心血を注ぐ
人後に落ちない
寝食を忘れる
心臓が強い
真に迫る
筋が違う
筋を通す
雀の涙
図に乗る
隅に置けない
寸暇を惜しむ
精を出す
精が出る
雪辱を果たす
席を外す
背に腹はかえられない
世話を掛ける
世話を焼く
背を向ける
先見の明
先手を打つ
先頭を切る
造詣が深い
底を突く
そつがない
反りが合わない
算盤が合う
算盤をはじく

た 行

太鼓判を押す
大事を取る
高が知れる
高みの見物
高をくくる
立て板に水
棚に上げる
頼みの綱
駄目を押す
短気は損気
丹精を込める
断を下す
端を発する
知恵を絞る
力になる
力を入れる
力を付ける
注文を付ける
調子に乗る
月とすっぽん
壺にはまる
手が空く
手が込む
手塩に掛ける
手に汗を握る
手に余る
手にする
手に付かない
手に乗る
手も足も出ない
出る杭は打たれる
手を打つ
手をこまねく
手を出す
手を尽くす
手を握る
手を広げる
手を焼く
峠を越す
堂に入る
時を移さず
得心がいく
途方に暮れる
途方もない
取り付く島もない
取りも直さず
度を越す
度が過ぎる

な 行

長い目で見る
名が売れる
波に乗る
名を成す
何の変哲もない
二の足を踏む
二の句が継げない
二の舞を演じる
値が張る
猫の手も借りたい
猫も杓子も
熱に浮かされる
寝覚めが悪い
寝耳に水
音を上げる
念頭に置く
念を入れる
念を押す

は 行

歯が立たない
馬脚をあらわす
歯に衣着せぬ
白紙に戻す
鼻が高い
鼻に掛ける
鼻を並べる
花を持たせる
話を付ける
話が弾む
腸が煮えくり返る
腹をくくる
腹を割る
引き合いに出す
膝を打つ
膝を突き合わせる
膝を交える
瞳を凝らす
人目につく
人目を引く
火に油を注ぐ
日の出の勢い
日の目を見る
火花を散らす
火ぶたを切る
火を見るより明らか
百も承知
秒読みに入る
分がいい
蓋を開ける
物議を醸す
筆が立つ
懐が暖かい
腑に落ちない
不評を買う
平行線をたどる
ベストを尽くす
弁が立つ
棒に振る

矛先を転じる
反故にする
菩提を弔う
歩調が合う
没にする
仏の顔も三度
骨が折れる
骨を折る
骨身を惜しまず
骨身を削る
歩を進める
本腰を入れる

ま　行

枚挙にいとまがない
間が持てない
間が悪い
幕が開く
幕が下りる
幕を閉じる
幕を引く
馬子にも衣装
勝るとも劣らぬ
的が外れる
的を射る
的を絞る
的を外す
まな板に載せる
眉をひそめる
磨きを掛ける
身が入る
右へ倣え
右に出る
微塵もない
水に流す
水の泡になる
水をあける
水を差す
水を向ける
身銭を切る
店を広げる
道が開ける
道を付ける
身に余る
身に付く
身になる
耳が痛い
耳が早い
耳に付く
耳に入れる
耳にする
耳を疑う
耳を貸す
耳を傾ける
耳を澄ます
脈がある
身を入れる
身を粉にする
身を投じる
実を結ぶ
向きになる
胸が痛む
胸がすく
胸に納める
胸に刻む
胸を打つ
無理もない
明暗を分ける
名誉を挽回する
目が利く
目が肥える
目が高い
芽が出る
目が届く
目がない
眼鏡にかなう
目から火が出る
目から鱗が落ちる
目と鼻の先
目に留まる
目も当てられない
目もくれない
目を疑う
目を奪われる
目をかける
目を皿にする
目を通す
目を光らす
目を引く
目を見張る
目先が利く
目鼻が付く
目途が付く
面と向かって
面目を施す
目算を立てる
目算が立つ
持ち出しになる
元も子もない
物ともせず
物になる
物の見事に
物を言う

や　行

野に下る
役者が揃う
躍起になって
山を越える
山場を迎える
止むに止まれぬ
融通が利く
雄弁に物語る
夢を描く
夢を追う
夢を託す
夢を見る
要領がいい
要領を得ない
欲を言えば
横車を押す
装いを新たに
予断を許さない
世に聞こえる
世に出る
余念がない
読みが深い
夜を徹する

ら　行

埒が明かない
埒もない
理屈をこねる
理にかなう
溜飲を下げる
レールを敷く
烈火のごとく
労をとる
労を惜しまない
論陣を張る

わ　行

我が意を得る
脇目も振らず
渡りに船
渡りを付ける
笑いが止まらない
藁にもすがる
割に合わない
割を食う
我を忘れる
輪をかける

筆記問題 5

解答→別冊①P. 9

1 次の表の①～⑩の中に入る漢字または読みとして、最も適切なものを解答群の中から選び、記号で答えなさい。ただし、音訓の読みが複数ある場合はその一つを記してある。また、活用語の読みは送り仮名を含む終止形になっている。

番号	漢字	音読み	訓読み
例	近	きん	ちかい
1	（ ① ）	えい	うつる
2	許	（ ② ）	ゆるす
3	敵	てき	（ ③ ）
4	（ ④ ）	り	はなす
5	湧	（ ⑤ ）	わく
6	突	とつ	（ ⑥ ）
7	（ ⑦ ）	しん	もうす
8	微	（ ⑧ ）	
9	籠	ろう	（ ⑨ ）
10	（ ⑩ ）	ちょう	はる

【解答群】

ア．ゆう	オ．び	ケ．離
イ．こもる	カ．つく	コ．貼
ウ．かたき	キ．ね	サ．映
エ．きょ	ク．けん	シ．申

	①	②	③	④	⑤	⑥	⑦	⑧	⑨	⑩
1										

2 次の表の①～⑩の中に入る漢字または読みとして、最も適切なものを解答群の中から選び、記号で答えなさい。ただし、音訓の読みが複数ある場合はその一つを記してある。また、活用語の読みは送り仮名を含む終止形になっている。

番号	漢字	音読み	訓読み
例	近	きん	ちかい
1	魚	（ ① ）	さかな
2	僅	きん	（ ② ）
3	（ ③ ）	りょう	かて
4	築	（ ④ ）	きずく
5	治	ち	（ ⑤ ）
6	（ ⑥ ）	きょ	いる
7	追	（ ⑦ ）	おう
8	据		（ ⑧ ）
9	（ ⑨ ）	じん	つくす
10	巧	（ ⑩ ）	たくみ

【解答群】

ア．なおす	オ．わずか	ケ．尽
イ．ぎょ	カ．つい	コ．糧
ウ．ちく	キ．こう	サ．居
エ．すえる	ク．うお	シ．去

	①	②	③	④	⑤	⑥	⑦	⑧	⑨	⑩
2										

3 次の表の①～⑩の中に入る漢字または読みとして、最も適切なものを解答群の中から選び、記号で答えなさい。ただし、音訓の読みが複数ある場合はその一つを記してある。また、活用語の読みは送り仮名を含む終止形になっている。

番号	漢字	音読み	訓読み
例	近	きん	ちかい
1	眠	みん	（ ① ）
2	（ ② ）	い	かこう
3	拝	（ ③ ）	おがむ
4	詣	けい	（ ④ ）
5	（ ⑤ ）	てい	しめる
6	惑	（ ⑥ ）	まどう
7	羨	せん	（ ⑦ ）
8	（ ⑧ ）	れつ	さける
9	循	（ ⑨ ）	
10	降	こう	（ ⑩ ）

【解答群】

ア．わく　　　オ．うらやむ　　ケ．囲
イ．もうでる　カ．ねむる　　　コ．列
ウ．はい　　　キ．じゅん　　　サ．裂
エ．ねる　　　ク．おろす　　　シ．締

	①	②	③	④	⑤	⑥	⑦	⑧	⑨	⑩
3										

4 次の表の①～⑩の中に入る漢字または読みとして、最も適切なものを解答群の中から選び、記号で答えなさい。ただし、音訓の読みが複数ある場合はその一つを記してある。また、活用語の読みは送り仮名を含む終止形になっている。

番号	漢字	音読み	訓読み
例	近	きん	ちかい
1	（ ① ）	えん	そう
2	腫	（ ② ）	はれる
3	殖	しょく	（ ③ ）
4	（ ④ ）	あい	あわれ
5	賦	（ ⑤ ）	
6	提	てい	（ ⑥ ）
7	（ ⑦ ）	しつ	しかる
8	緩	（ ⑧ ）	ゆるい
9	臼	きゅう	（ ⑨ ）
10	（ ⑩ ）	ほう	あきる

【解答群】

ア．ふ　　　オ．しゅ　　ケ．飽
イ．うす　　カ．ふやす　コ．哀
ウ．さげる　キ．しろ　　サ．叱
エ．だん　　ク．かん　　シ．沿

	①	②	③	④	⑤	⑥	⑦	⑧	⑨	⑩
4										

筆記問題 ビジネス文書編

筆記問題 6

解答→別冊①P. 9

1 次の各文の〔　　〕の中から、現代仮名遣いとして最も適切なものを選び、記号で答えなさい。

① 仕事が忙しく〔ア．はたらきづめ　イ．はたらきずめ〕の毎日だ。
② 〔ア．こじんまり　イ．こぢんまり〕とした家に住みたいと考える。
③ 今年は天候に恵まれ、〔ア．ほうさく　イ．ほおさく〕だった。
④ 〔ア．いずれは　イ．いずれわ〕進路を真剣に考える時が来る。
⑤ あなたに会えて〔ア．うれしいは　イ．うれしいわ〕。
⑥ 複数のことを〔ア．どうじ　イ．どおじ〕に進めるのは難しい。
⑦ 彼は大会で優勝したことを〔ア．ぢまん　イ．じまん〕することが多い。
⑧ 豆腐や納豆は〔ア．だいず　イ．だいづ〕を加工した食品です。
⑨ 上司から、〔ア．ことばずかい　イ．ことばづかい〕での注意を受けた。
⑩ 学校で、〔ア．づが　イ．ずが〕の時間に、猫の絵を描いた。
⑪ 〔ア．では　イ．でわ〕はじめましょう。
⑫ ボールが顔面にあたり、〔ア．はなじ　イ．はなぢ〕が出た。

	①	②	③	④	⑤	⑥	⑦	⑧	⑨	⑩	⑪	⑫
1												

2 次の各文の〔　　〕の中から、現代仮名遣いとして最も適切なものを選び、記号で答えなさい。

① アンケートの結果は、〔ア．おうむね　イ．おおむね〕良好だった。
② 上司あてに〔ア．こずつみ　イ．こづつみ〕が届いた。
③ 台風の雲が巨大な〔ア．うず　イ．うづ〕を巻いている様子が見えた。
④ 次から次へと見物客が、〔ア．くるはくるは　イ．くるわくるわ〕。
⑤ 〔ア．ねがわくは　イ．ねがわくわ〕第一志望の大学に進みたい。
⑥ ピンチを迎えたが〔ア．そこじから　イ．そこぢから〕で粘って耐えた。
⑦ 骨折をして、しばらく〔ア．まつばづえ　イ．まつばずえ〕が手放せない。
⑧ 彼女がメンバーに加わることは〔ア．こころづよい　イ．こころずよい〕。
⑨ 〔ア．とうじ　イ．とおじ〕の日には、ゆず湯に入る。
⑩ 〔ア．てづくり　イ．てずくり〕感が満載の作品だ。
⑪ 慣れない靴で歩いたせいか、〔ア．くつずれ　イ．くつづれ〕が生じて痛い。
⑫ 昨日は、〔ア．くうはのむは　イ．くうわのむわ〕の大騒ぎとなった。

	①	②	③	④	⑤	⑥	⑦	⑧	⑨	⑩	⑪	⑫
2												

筆記問題 7

解答→別冊①P.10

1 次の各文の下線部の読みを、常用漢字表付表に従い、ひらがなで答えなさい。

① 彼女の<u>笑顔</u>はとても素敵だ。
② 新しい<u>竹刀</u>で練習を始めた。
③ <u>吹雪</u>のため、外出は控えることにした。
④ <u>投網</u>の打ち方を漁師から習う。
⑤ 今年も残り<u>二十日</u>となった。
⑥ 昨日から<u>風邪</u>ぎみのため、病院に行くことにした。
⑦ この店は県内でも有数の<u>老舗</u>として知られている。
⑧ 旅行先で友人への<u>土産</u>を買った。
⑨ <u>叔母</u>の家に遊びに行った。
⑩ 初めて<u>寄席</u>に連れて行ってもらった。
⑪ 温泉が近づき、<u>硫黄</u>のにおいが強くなってきた。
⑫ 祭りの最大の見所は、<u>山車</u>の引き回しだ。

1	①	②	③	④
	⑤	⑥	⑦	⑧
	⑨	⑩	⑪	⑫

2 次の各文の下線部の読みを、常用漢字表付表に従い、ひらがなで答えなさい。

① サッカー場の<u>芝生</u>の管理は難しい。
② 実家にあった<u>蚊帳</u>を孫たちが珍しそうに見ている。
③ 彼女の<u>三味線</u>は、祖母から受け継がれてきた物だ。
④ 彼の仕上げは不十分で、表面が<u>凸凹</u>している。
⑤ ぜんざいを作るため、<u>小豆</u>を買いに行った。
⑥ 今年の幹事は、私と彼の<u>二人</u>で担当することになった。
⑦ <u>迷子</u>を知らせるアナウンスが、店内放送で流れた。
⑧ 花火大会に<u>浴衣</u>を着て出かけた。
⑨ 車窓の風景が、だんだんと<u>田舎</u>へと移り変わっていく。
⑩ 春の<u>息吹</u>を感じる時期になった。
⑪ 日本庭園の中にある茶室のことを<u>数寄屋</u>という。
⑫ お宮参りに神社を訪れ、<u>祝詞</u>をあげてもらった。

2	①	②	③	④
	⑤	⑥	⑦	⑧
	⑨	⑩	⑪	⑫

3 次の下線部の読みを、常用漢字表付表に従い、ひらがなで記入しなさい。

① **五月**晴れの空を見上げながら散歩しよう。
② 彼は、**眼鏡**をかけて手紙を読んだ。
③ **砂利**をセメントで固める必要がある。
④ この**相撲**の取り組みは面白そうだ。
⑤ 言い方や話し方が**上手**だと、契約はスムーズにいくことが多い。
⑥ 彼女は、**玄人**顔負けの見事な歌い方をしていた。
⑦ あの**お巡りさん**は、その場で男を逮捕した。
⑧ **野良**犬が雨の中を走り回っている。
⑨ 漁師は**雑魚**が売り物にならないと考えた。
⑩ 私は、彼の引っ越しを**手伝った**。
⑪ 今日は、天気がよく洗濯**日和**である。
⑫ この学校の空手部は、**猛者**ぞろいだ。

3	①	②	③	④
	⑤	⑥	⑦	⑧
	⑨	⑩	⑪	⑫

4 次の下線部の読みを、常用漢字表付表に従い、ひらがなで記入しなさい。

① 知らせを聞いて、**真っ青**になった。
② 私は、今日、家族と一緒に**七夕**祭りに行きました。
③ どうもあのレースは、**八百長**ではないかと思う。
④ 昨日、**稚児**行列が登場する花まつりに出向いた。
⑤ **乙女**座は天秤座の西にあり、白色のスピカを含む星座である。
⑥ 昆虫に詳しい彼は、皆から昆虫**博士**と呼ばれている。
⑦ この山は、なんて素敵な**景色**なのでしょう。
⑧ 貴社の**最寄り**駅を教えてください。
⑨ 私は、興奮して**固唾**をのんだ。
⑩ 芝居の劇場で、舞台正面の二階の**桟敷**はここですか。
⑪ クラス全体が**浮ついて**授業に身が入らなかった。
⑫ 彼は、音楽・**読経**・書の名手であった。

4	①	②	③	④
	⑤	⑥	⑦	⑧
	⑨	⑩	⑪	⑫

筆記問題 8

解答→別冊①P.10

次の＜A＞・＜B＞の各問いに答えなさい。

＜A＞次の各文の〔　　〕の中から、ことわざ・慣用句の一部として適切なものを選び、記号で答えなさい。

① 昨日までのことは、水〔ア．を　イ．に〕流そう。
② 手〔ア．に　イ．と〕汗を握る試合だった。
③ 上司の提案は、私にとって渡り〔ア．に　イ．も〕船だった。
④ 名作と折り紙〔ア．を　イ．が〕付けられた作品を購入した。
⑤ 父は、おいしい和菓子に目〔ア．が　イ．も〕ない。
⑥ 仕事中に油〔ア．を　イ．が〕売る。
⑦ 口〔ア．の　イ．が〕堅い彼は、上司からの信頼が厚い。
⑧ 難しい課題を物〔ア．に　イ．の〕見事に解いた。
⑨ 高校最後の大会にベスト〔ア．で　イ．を〕尽くした。
⑩ 彼の日頃からの努力には頭〔ア．が　イ．も〕下がる。
⑪ 昨年の優勝校は、歯〔ア．で　イ．が〕立たないほど強かった。
⑫ 人の噂を鵜呑み〔ア．に　イ．と〕してはいけない。

	①	②	③	④	⑤	⑥	⑦	⑧	⑨	⑩	⑪	⑫
A												

＜B＞次の各文のことわざ・慣用句について、下線部の読みとして最も適切なものを〔　　〕の中から選び、記号で答えなさい。

① 寝耳に水の話に驚いた。〔ア．しんじ　イ．ねみみ〕
② 彼女に自分の夢を託すことにした。〔ア．む　イ．ゆめ〕
③ 新規事業に活路を見いだす。〔ア．かじ　イ．かつろ〕
④ これでようやく片が付くと信じている。〔ア．へん　イ．かた〕
⑤ 良かれと思った提案が裏目に出た。〔ア．うらめ　イ．りもく〕
⑥ 新しい商品にはついつい食指が動くものです。〔ア．さし　イ．しょくし〕
⑦ 丹精を込めた作品作りが人気を呼んでいる。〔ア．しょう　イ．せい〕
⑧ すばらしい演奏で、なかなか堂に入ったものでした。〔ア．とう　イ．どう〕
⑨ 彼が立派に見える。それこそ馬子にも衣装だってことだよ。〔ア．まご　イ．ばし〕
⑩ 噛んで含めるように言ったが、話を理解できていない。〔ア．か　イ．かじ〕
⑪ これ以上争うと、心に深い傷を負うかもしれない。〔ア．しょう　イ．きず〕
⑫ 彼女の勝手な言い草には、腸が煮えくり返りそうだ。〔ア．ちょう　イ．はらわた〕

	①	②	③	④	⑤	⑥	⑦	⑧	⑨	⑩	⑪	⑫
B												

筆記まとめ問題①

解答用紙→別冊②P.26　解答→別冊①P.10

1

次の各用語に対して、最も適切な説明文を解答群の中から選び、記号で答えなさい。

① 名前を付けて保存	② 互換性	③ アイコン
④ ポップアップメニュー	⑤ ディスプレイ	⑥ 左寄せ（左揃え）
⑦ スクリーン	⑧ 全角文字	

【解答群】

ア．ＯＨＰやプロジェクタの提示画面を投影する幕のこと。
イ．出力装置の一つで、文字や図形などを表示する装置のこと。
ウ．ファイルの内容やソフトの種類、機能などを小さな絵や記号で表現したもの。
エ．画面上のどの位置からでも開くことができるメニューのこと。
オ．異なる環境であっても同様に使える性質のこと。
カ．入力した文字列などを行の左端でそろえること。
キ．文書データに新しいファイル名や拡張子を付けて保存すること。
ク．日本語を入力するときの標準サイズとなる文字のこと。

2

次の各文の下線部について、正しい場合は○を、誤っている場合は最も適切なものを解答群の中から選び、記号で答えなさい。

① **単漢字変換**とは、かな漢字変換で、漢字に１文字ずつ変換することである。
② 文字ごとに最適な幅を設定するフォントのことを**プロポーショナルフォント**という。
③ ビジネス文書の国際的な標準サイズのことを**Ｂサイズ（Ｂ４・Ｂ５）**という。
④ マウスの左ボタンを素早く２度続けてクリックする動作のことを**クリック**という。
⑤ マウスを操作することにより、画面上での選択や実行などの入力位置を示すアイコンのことを**カーソル**という。
⑥ 電源を切るスイッチに表示するマークは、⏻である。
⑦ 文字やオブジェクトを切り取り、別の場所に挿入する編集作業のことを**コピー＆ペースト**という。
⑧ **レーザプリンタ**とは、液体のインクを用紙に吹き付けて印刷するタイプのプリンタのことである。

【解答群】

ア．学習機能	**イ**．ダブルクリック	**ウ**．○
エ．マウスポインタ（マウスカーソル）	**オ**．カット＆ペースト	**カ**．文節変換
キ．Ａサイズ（Ａ３・Ａ４）	**ク**．インクジェットプリンタ	

3

次の各文の〔　　〕の中から最も適切なものを選び、記号で答えなさい。

① 通常の郵便物や荷物に優先して、迅速に送達されるものを〔**ア**．書留　**イ**．速達　**ウ**．簡易書留〕という。

② 業務を行ったり、企業の内外の相手に連絡したりする文書を〔**ア**．帳票　**イ**．社交文書　**ウ**．通信文書〕という。

③ 〔**ア**．前付け　**イ**．本文　**ウ**．後付け〕は、本文の前に付けるという意味で、発信日付や受信者名などから構成されているものである。

④ 記述記号 ・ の読みは、〔**ア**．コロン　**イ**．ピリオド　**ウ**．中点〕である。

⑤ ポンド通貨の単位記号は、〔**ア**．£　**イ**．€　**ウ**．$〕である。

⑥ 同じく記号とは、〔**ア**．〻　**イ**．々〕である。

⑦ 〔**ア**．[Insert]　**イ**．[Delete]　**ウ**．[NumLock]〕とは、カーソルの右の文字を消去するキーのことである。

⑧ 「全角英数への変換」をするキーは、〔**ア**．[F7]　**イ**．[F8]　**ウ**．[F9]〕である。

4

次の各問いの答えとして、最も適切なものをそれぞれのア～ウの中から選び、記号で答えなさい。

① ビジネス文書の内容を簡潔にまとめたものはどれか。

ア．結語　**イ**．文書番号　**ウ**．件名

② １行の場合は、１字の字下げをして作成する受取人のことはどれか。

ア．受信者名　**イ**．担当者名　**ウ**．発信者名

③ 官公庁・会社などの団体宛に対して使われる敬称はどれか。

ア．御中　**イ**．様　**ウ**．各位

④ 下の正しい校正結果

Ｏｐｅｃ

ア．ＯＣＥＰ　**イ**．ＯＰＥＣ　**ウ**．Ｏｃｅｐ

⑤ 前文挨拶を省くときに用いられる結語はどれか。

ア．敬白　**イ**．敬具　**ウ**．草々

⑥ 件名を入力するときに必要となる操作はどれか。

ア．右寄せ　**イ**．センタリング　**ウ**．左寄せ

5

次の表の①～⑩の中に入る漢字または読みとして、最も適切なものを解答群の中から選び、記号で答えなさい。ただし、音訓の読みが複数ある場合はその一つを記してある。また、活用語の読みは送り仮名を含む終止形になっている。

番号	漢字	音読み	訓読み
例	減	げん	へる
1	図	ず	①
2	調	②	しらべる
3	③	ふん	こな
4	牧	④	まき
5	⑤	じゅう	したがう
6	笑	⑥	わらう
7	鳴	めい	⑦
8	⑧	みん	ねむる
9	複	⑨	
10	草	そう	⑩

【解答群】

ア．ふく　　オ．くさ　　ケ．眠
イ．けい　　カ．しょう　　コ．従
ウ．ぼく　　キ．なく　　サ．粉
エ．はかる　　ク．ちょう　　シ．沖

6

次の各文の〔　　〕の中から、現代仮名遣いとして最も適切なものを選び、記号で答えなさい。

① 旅行の思い出を日記に〔ア．つづる　イ．つずる〕。
② 昨日、洗濯した彼のセーターが、〔ア．ちぢん　イ．ちじん〕でしまった。
③ 建設現場の〔ア．づじょう　イ．ずじょう〕は注意した方がよい。

7

次の各文の下線部の読みを、常用漢字表付表に従い、ひらがなで答えなさい。

① インターハイは**若人**が集うスポーツの祭典である。
② **小豆**を煮て、おしるこを作ってみよう。
③ 誕生日のプレゼントに**木綿**のセーターを買った。

8

次の＜Ａ＞・＜Ｂ＞の各問いに答えなさい。

＜Ａ＞次の各文の〔　　〕の中から、ことわざ・慣用句の一部として最も適切なものを選び、記号で答えなさい。

① 株主総会で、経営方針に異(い)〔ア．を　イ．で〕唱(とな)える株主が続出した。
② ゴルフは練習場とコースで大きく勝手(かって)〔ア．が　イ．に〕違う。

＜Ｂ＞次の各文のことわざ・慣用句について、下線部の読みとして最も適切なものを〔　　〕の中から選び、記号で答えなさい。

③ 難敵に競り勝ち、前大会の**雪辱**を果たす。　〔ア．ゆきはじ　イ．せつじょく〕
④ 急いで帰宅するため、**脇目**も振らずに歩いた。　〔ア．きょうもく　イ．わきめ〕

筆記まとめ問題②

解答用紙→別冊②P.27　解答→別冊①P.10

1

次の各文は何について説明したものか。最も適切な用語を解答群の中から選び、記号で答えなさい。

① パソコンでデータを扱うときの基本単位となるデータのまとまりのこと。
② 文字ピッチを均等にするフォントのこと。
③ 文書の上下左右に設けた何も印刷しない部分のこと。
④ 日本語入力システムによるかな漢字変換で、文節ごとに変換すること。
⑤ プリンタで利用する用紙の大きさのこと。
⑥ 行頭や行末にあってはならない句読点や記号などを、行末や行頭に強制的に移動する処理のこと。
⑦ キーボードを見ないで、すべての指を使いタイピングする技術のこと。
⑧ デスクトップ上のアプリケーションソフトの表示領域および作業領域のこと。

【解答群】

ア．文節変換	イ．ファイル	ウ．用紙サイズ
エ．タッチタイピング	オ．余白（マージン）	カ．等幅フォント
キ．ウィンドウ	ク．禁則処理	

2

次の各文の下線部について、正しい場合は○を、誤っている場合は最も適切なものを解答群の中から選び、記号で答えなさい。

① **ポップアップメニュー**とは、ウィンドウや画面の上段に表示されている項目をクリックして、より詳細なコマンドがすだれ式に表示されるメニューのことである。
② 画面上で、日本語入力の状態を表示する枠のことを**言語バー**という。
③ **デバイスドライバ**とは、日本語入力のためのアプリケーションソフトのことである。
④ 文字の書体を変えたり、模様を付けたりして、文章の一部を強調する機能のことを**グリッド**という。
⑤ **テンプレート**とは、用紙サイズ・１行の文字数など、作成する文書の体裁（スタイル）を定める作業のことである。
⑥ 作成した文書データをファイルとして記憶することを**名前を付けて保存**という。
⑦ インク溶液の発色や吸着に優れた印刷用紙のことを**フォト用紙**という。
⑧ CapsLockが有効（英字キーが大文字の状態）であることを示すランプは**[1]**である。

【解答群】

ア．保存	イ．文字修飾	ウ．ＩＭＥ
エ．[A]	オ．ヘルプ機能	カ．書式設定
キ．プルダウンメニュー	ク．インクジェット用紙	

3

次の各文の〔　　〕の中から最も適切なものを選び、記号で答えなさい。

① 引受けから配達に至るまでの全送達経路を記録し、配達先に手渡しをして確実な送達を図る郵便物のことを〔ア．簡易書留　イ．書留〕という。

② 〔ア．後付け　イ．前付け〕とは、本文を補うもので、追伸（追って書き）・同封物指示・担当者名などから構成される。

③ ビジネスでの業務に直接関係のない、折々の挨拶や祝意などを伝える文書を〔ア．社外文書　イ．社交文書　ウ．取引文書〕という。

④ 記号 。の読みは、〔ア．読点　イ．中点　ウ．句点〕である。

⑤ ユーロ通貨の単位記号は、〔ア．¥　イ．£　ウ．€〕である。

⑥ アンパサンドとは、〔ア．&　イ．*　ウ．@〕である。

⑦ 〔ア．Insert　イ．BackSpace　ウ．Delete〕は、カーソルの左の文字を消去するキーのことである。

⑧ 「半角英数への変換」と「大文字小文字の切り替え」をするキーは、〔ア．F7　イ．F9　ウ．F10〕である。

4

次の文書についての各問いの答えとして、最も適切なものをそれぞれのア～ウの中から選び、記号で答えなさい。

A
販発第１７３号
令和○年１０月２４日

オオエカメラ株式会社
営業部長　木田　孝雄　B

C
江戸川区中小岩６－５－２
株式会社　イリエ商会
販売部長　大森　孝之

Dご注文品の送付について

拝啓　貴社ますますご隆盛のこととお喜び申し上げます。
さて、先日ご注文いただきましたデジタル一眼レフ「ｄｆ－１」E１０台につきまして、本日発送いたしましたので、よろしくご査収ください。
F

① Aに設定されている編集機能はどれか。
ア．右寄せ　　イ．センタリング　　ウ．左寄せ

② Bに入る敬称はどれか。
ア．各位　　イ．様　　ウ．御中

③ Cの名称はどれか。
ア．受信者名　　イ．担当者名　　ウ．発信者名

④ Dの編集で用いられている機能はどれか。
ア．半角文字　　イ．全角文字　　ウ．横倍角文字

⑤ Eの校正結果はどれか。
ア．ＦＤ　　イ．ＤＦ　　ウ．Ｄｆ

⑥ Fに入る結語はどれか。
ア．敬　具　　イ．謹　白　　ウ．草　々

5

次の表の①～⑩の中に入る漢字または読みとして、最も適切なものを解答群の中から選び、記号で答えなさい。ただし、音訓の読みが複数ある場合はその一つを記してある。また、活用語の読みは送り仮名を含む終止形になっている。

番号	漢字	音読み	訓読み
例	早	そう	はやい
1	麻	①	あさ
2	印	いん	②
3	③	はん	そる
4	転	④	ころぶ
5	縦	じゅう	⑤
6	⑥	こう	たくみ
7	塊	⑦	かたまり
8	闇		⑧
9	⑨	らく	からむ
10	負	⑩	おう

【解答群】

ア．たて　　オ．やみ　　ケ．反
イ．てん　　カ．しるし　　コ．絡
ウ．ま　　キ．はい　　サ．巧
エ．ふ　　ク．かい　　シ．藩

6

次の各文の〔　　〕の中から、現代仮名遣いとして最も適切なものを選び、記号で答えなさい。

① 〔ア．めづらしい　イ．めずらしい〕植物が咲いている。
② このチームは〔ア．いちぢるしい　イ．いちじるしい〕成長をとげた。
③ 雨で〔ア．じめん　イ．ぢめん〕が濡れている。

7

次の各文の下線部の読みを、常用漢字表付表に従い、ひらがなで答えなさい。

① 春の**息吹**を感じる今日この頃。
② **名残**を惜しんでいる。
③ 今日は**時雨**の来そうな天気だ。

8

次の<A>・<B>の各問いに答えなさい。

<A>次の各文の〔　　〕の中から、ことわざ・慣用句の一部として最も適切なものを選び、記号で答えなさい。

① 仕事も板〔ア．に　イ．が〕付いてきた。
② それは目〔ア．の　イ．と〕鼻の先だ。

<B>次の各文のことわざ・慣用句について、下線部の読みとして最も適切なものを〔　　〕の中から選び、記号で答えなさい。

③ あの映画が**壺**にはまって、涙が止まらない。　〔ア．こ　イ．つぼ〕
④ 子どもが成人して、ようやく**重荷**を下ろすことができた。　〔ア．おもに　イ．じゅうか〕

6 模擬問題編

■ 模擬問題　速度１回 ■

１行の文字数を30字に設定して入力しなさい。ただし、フォントの種類は明朝体とし、プロポーショナルフォントは使用しないこと。なおヘッダーには学年、組、番号、名前を入力し、１行目から作成しなさい。（制限時間　10分）

　家電の量販店で扇風機の売り場が活気付いている。今年は清潔な 30
どをキーワードとし、送る風にこだわった商品が多い。エアコンが 60
いくら普及しても、安価で手軽に使える扇風機の人気は相変わらず 90
根強く、メーカー各社も競って細かな機能などを宣伝している。 120
　たとえば、ぱさぱさになった髪の毛をうるおすといわれる、マイ 150
ナスイオンの発生装置を羽根の後ろに配置したものがある。自然な 180
風で乾かすため、時間がかかっても通常のドライヤーより髪への負 210
担も少ない。 217
　また、ある扇風機には、羽根に塗った光触媒の物質が空気に触れ 247
ると、油などの汚れを付着しにくくする効果もある。これからは、 277
音が静かで体に優しく、自分に合った扇風機をぜひ探してみたいも 307
のだ。 310

■ 模擬問題　実技１回 ■

次の文書を入力しなさい（ヘッダーには学年、組、番号、名前を入力すること）。
〔設定〕１行30字、１頁29行　　（制限時間　15分）

営発第３８７号 ← 右寄せする。
令和６年１１月２０日

株式会社　美鈴産業
　取締役社長　山田　宏司　様

目黒区祐天寺３－２１
ケイ工業株式会社
代表取締役　田口　信

フォントは横２００％（横倍角）にし、一重下線を引き、センタリングする。

取引開始のお願い

拝啓　貴社ますますご発展のこととお喜び申し上げます。
　さて、当社は総合楽器メーカーでございまして、製品には格方面（各）からご好評とご信頼をいただいております。このたび御地に販路を拡張するにあたり、かねてご高名の貴社にお取り引きをお願いしたいと存じます。今月末にはお伺い致しますが、同封させていただいた書類と最近の当社の業績をご検討いただければ幸いに存じます。
敬　具

記 ← センタリングする。

表の行間は２．０とし、センタリングする。

年　度	売上（百万円）	前年比伸び率（%）
令和４年度	１，７５６	１０５．０
令和５年度	２，１３８	１２１．８

枠内で右寄せする。

以　上

解答→別冊①P.11

模擬問題編

■ 模擬問題　筆記１回 ■ （制限時間　15分）１～８計50問各２点　合計100点

1

次の各文は何について説明したものか。最も適切な用語を解答群の中から選び、記号で答えなさい。

① 日本語入力システムで、変換処理に必要な読み仮名に対応した漢字などのデータを収めたファイルのこと。
② 画面での表示や印刷する際の文字の大きさのこと。
③ より詳細なコマンドがすだれ式に表示されるメニューのこと。
④ 仕上がり状態をディスプレイ上に表示する機能のこと。
⑤ マウスを操作することにより、画面上での選択や実行などの入力位置を示すアイコンのこと。
⑥ 半導体で構成された外付け用の補助記憶装置のこと。
⑦ 液体のインクを用紙に吹き付けて印刷するタイプのプリンタのこと。
⑧ 範囲指定した文字列を任意の長さの中に均等な間隔で配置する機能のこと。

【解答群】

ア．印刷プレビュー	イ．プルダウンメニュー	ウ．インクジェットプリンタ
エ．均等割付け	オ．辞書	カ．ＵＳＢメモリ
キ．フォントサイズ	ク．マウスポインタ（マウスカーソル）	

2

次の各文の下線部について、正しい場合は○を、誤っている場合は最も適切なものを解答群の中から選び、記号で答えなさい。

① 作成した文書データをファイルとして記憶することを**フォルダ**という。
② 横幅が全角文字の半分である文字のことを**横倍角文字**という。
③ 主に日本国内で使われる用紙サイズ（ローカル基準）のことを**Ａサイズ（Ａ３・Ａ４）**という。
④ 文字の書体を変えたり、模様を付けたりして、文章の一部を強調する機能のことを**禁則処理**という。
⑤ **デスクトップ**とは、ディスプレイ上で、アプリケーションのウィンドウやアイコンを表示する領域のことである。
⑥ ファイルの内容やソフトの種類、機能などを小さな絵や記号で表現したものを**ウィンドウ**という。
⑦ スリープ状態のOn/Offを切り替えるスイッチに表示するマークは**📶**である。
⑧ **スクリーン**とは、ＯＨＰやプロジェクタの提示画面を投影する幕のことである。

【解答群】

ア．半角文字	イ．☾	ウ．プリンタ
エ．アイコン	オ．保存	カ．文字修飾
キ．グリッド	ク．Ｂサイズ（Ｂ４・Ｂ５）	

3

次の各文の〔　　〕の中から最も適切なものを選び、記号で答えなさい。

① 文書の中心となる部分を補う部分のことを〔**ア**．前付け　**イ**．本文　**ウ**．後付け〕という。
② 引受けと配達時点での記録をする郵便物を〔**ア**．速達　**イ**．簡易書留　**ウ**．親展〕という。
③ 〔**ア**．社交文書　**イ**．社内文書　**ウ**．取引文書〕は、社外の人に出さない文書である。
④ 記述記号 ； の読みは、〔**ア**．セミコロン　**イ**．コロン　**ウ**．コンマ〕である。
⑤ 記号 @ の読みは、〔**ア**．繰返し記号　**イ**．同じく記号　**ウ**．単価記号〕である。
⑥ 〔**ア**．ファンクションキー　**イ**．ショートカットキー〕とは、ＯＳやソフトが特定の操作を登録するキーのことをいう。
⑦ 〔**ア**．NumLock　**イ**．Delete　**ウ**．Insert〕とは、「テンキーの数字キーのON／OFF」を切り替えるキーのことである。
⑧ 「半角への変換」をするキーは、〔**ア**．F6　**イ**．F7　**ウ**．F8〕である。

4

次の文書についての各問いの答えとして、最も適切なものをそれぞれのア～ウの中から選び、記号で答えなさい。

A　営発第２３５号
B　令和○年８月２２日

株式会社　鳥取商事
総　務　部　C

D
広島県広島市北区中町５－７（「中」に訂正記号、「西」と挿入）
広島物産株式会社
営業部長　福山　一郎

E

F　拝啓　貴社ますます・・・・・・・・・・・・・・・・・・・・・・・

① **A**の名称はどれか。
　ア．文書番号　**イ**．発信者名　**ウ**．発信日付
② **B**に設定されている書式はどれか。
　ア．均等割付け　**イ**．センタリング　**ウ**．右寄せ
③ **C**に入る敬称はどれか。
　ア．御中　**イ**．各位　**ウ**．殿
④ **D**の正しい校正結果はどれか。
　ア．北区中西町５－７　**イ**．北区西町５－７　**ウ**．北区西町中５－７
⑤ **E**に入れる構成の種類はどれか。
　ア．件名　**イ**．別記事項　**ウ**．追って書き
⑥ **F**に対応する結語はどれか。
　ア．草　々　**イ**．敬　具　**ウ**．以　上

※本番の検定試験は白黒印刷。

模擬問題編

5

次の表の①～⑩の中に入る漢字または読みとして、最も適切なものを解答群の中から選び、記号で答えなさい。ただし、音訓の読みが複数ある場合はその一つを記してある。また、活用語の読みは送り仮名を含む終止形になっている。

番号	漢字	音読み	訓読み
例	減	げん	へる
1	①	ちゅう	おき
2	安	②	やすい
3	朗	ろう	③
4	④	ほう	はなつ
5	揚	⑤	あげる
6	群	ぐん	⑥
7	⑦	ねん	ねばる
8	圧	⑧	
9	迫	はく	⑨
10	⑩	しゅう	あき

【解答群】

ア．ほがらか	オ．あつ	ケ．秋
イ．あん	カ．とまる	コ．粘
ウ．せまる	キ．じょう	サ．放
エ．よう	ク．むれる	シ．沖

6

次の各文の〔　　〕の中から、現代仮名遣いとして最も適切なものを選び、記号で答えなさい。

① 開店前の売り場は、とても〔**ア**．しづかだ　**イ**．しずかだ〕。

② 〔**ア**．こんにちわ　**イ**．こんにちは〕とあいさつをした。

③ 私は友人が〔**ア**．いまはのきわ　**イ**．いまわのきわ〕にいる時に一緒にいました。

7

次の各文の下線部の読みを、常用漢字表付表に従い、ひらがなで答えなさい。

① **梅雨**の季節となり、雨の日が続くようになった。

② 彼女の**真面目**さは、信頼へとつながっている。

③ 小屋の隣に建っているのが**母屋**です。

8

次の＜Ａ＞・＜Ｂ＞の各問いに答えなさい。

＜Ａ＞次の各文の〔　　〕の中から、ことわざ・慣用句の一部として最も適切なものを選び、記号で答えなさい。

① 欲〔**ア**．と　**イ**．を〕言えば、もう少し点数が上がるように努力してほしい。

② 今回の失敗は、顔から火〔**ア**．が　**イ**．も〕出るくらい恥ずかしかった。

＜Ｂ＞次の各文のことわざ・慣用句について、下線部の読みとして最も適切なものを〔　　〕の中から選び、記号で答えなさい。

③ 尊敬する先輩からの忠告を**肝**に銘（めい）じる。　〔**ア**．きも　**イ**．かん〕

④ 長い下積み時代を経て、ようやく**芽**が出た。　〔**ア**．が　**イ**．め〕

解答用紙→別冊②Ｐ.28 解答→別冊①Ｐ.11

模擬問題　速度２回

１行の文字数を30字に設定して入力しなさい。ただし、フォントの種類は明朝体とし、プロポーショナルフォントは使用しないこと。なおヘッダーには学年、組、番号、名前を入力し、１行目から作成しなさい。（制限時間　10分）

　人類が地球上に現れたのは約３００万年前のことだ。人間はその 30
ころ、木や石などを道具として使い、植物を採取したり、狩猟をし 60
て生活をしていた。ほかの生物と同じように、人間も自然界の一員 90
として過ごしていた。 101
　ところが、鉄器時代を迎えるころから、人々は資源を使って地球 131
にもともとなかったものを作り出し、その一部をゴミとして捨て出 161
した。最初はわずかだった量が次第に増加し、ゴミで自然が破壊さ 191
れ始めた。 197
　特に、今から２００年ほど前、イギリスで起きた産業革命は、そ 227
の量と質をすっかり変えてしまった。さらに最近では、核廃棄物な 257
ども大きな問題となっていて、ゴミについて世界中の人々が、真剣 287
に考え、行動しなければならない時期に来ている。 310

■ 模擬問題　実技２回 ■

次の文書を入力しなさい（ヘッダーには学年、組、番号、名前を入力すること）。
〔設定〕１行30字、１頁29行　　　　　　　　　　　　　　　　　　　　（制限時間　15分）

仕発第２８６号
令和６年７月３日

□
株式会社メルモ商事
　総務課長　川野　厚治　様

長野市川中島１７
有田物産株式会社
仕入課長　南沢　悦生

新製品発表会のご案内 ←フォントは横２００％（横倍角）にし、センタリングする。

拝復　貴社ますますご隆盛のこととお喜び申し上げます。
　さて、このたび弊社では、９月からＯＡ周辺機器の新製品を販売することになりました。つきましては下記のとおり新製品発表会を行いますので、ぜひご出席いただきますよう、ご案内申し上げます。
　今後ともより一層のお引き立てを賜りますよう何卒よろしくお願い申し上げます。
　まずはご案内まで。　　　　　　　　　　　　　　　　　　　　　敬　具

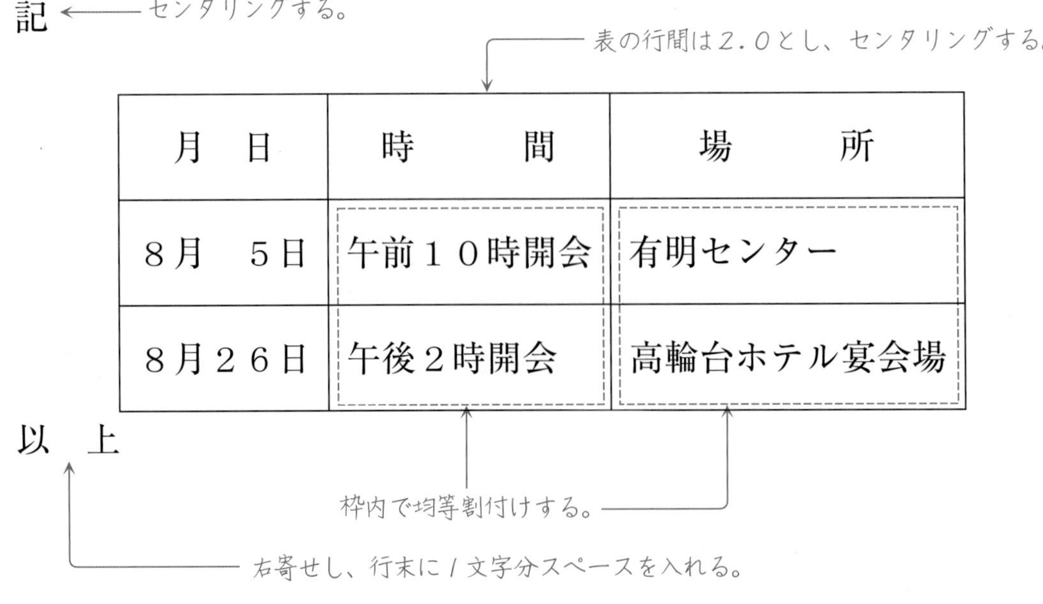

記 ←センタリングする。
表の行間は２.０とし、センタリングする。
枠内で均等割付けする。
右寄せし、行末に１文字分スペースを入れる。

記

月　日	時　　間	場　　所
８月　５日	午前１０時開会	有明センター
８月２６日	午後２時開会	高輪台ホテル宴会場

以　上

解答→別冊①Ｐ.12

■ 模擬問題　筆記２回 ■（制限時間　15分）①〜⑧計50問各２点　合計100点

1

次の各用語に対して、最も適切な説明文を解答群の中から選び、記号で答えなさい。

① 単漢字変換　② プリンタ　③ 書式設定
④ 横倍角文字　⑤ ウィンドウ　⑥ デバイスドライバ
⑦ ヘルプ機能　⑧ プロポーショナルフォント

【解答群】

ア．作成する文書の体裁（スタイル）を定める作業のこと。
イ．文字や図形などを印刷する装置のこと。
ウ．横幅が全角文字の２倍である文字のこと。
エ．作業に必要な解説文を検索・表示する機能のこと。
オ．ＵＳＢメモリやプリンタなど、パソコンに周辺装置を接続し利用するために必要なソフトウェアのこと。
カ．文字ごとに最適な幅を設定するフォントのこと。
キ．アプリケーションソフトの表示領域および作業領域のこと。
ク．かな漢字変換で、漢字に１文字ずつ変換すること。

2

次の各文の下線部について、正しい場合は○を、誤っている場合は最も適切なものを解答群の中から選び、記号で答えなさい。

① **名前を付けて保存**とは、読み込んだ文書データを同じファイル名と拡張子で保存することである。
② マウスの左ボタンを押す動作のことを**クリック**という。
③ **インクジェット用紙**とは、写真などのフルカラー印刷に適した、インクジェットプリンタ専用の印刷用紙のことである。
④ 文書の上下左右に設けた何も印刷しない部分のことを**グリッド（グリッド線）**という。
⑤ **タッチタイピング**とは、ディスプレイの表示内容を上下左右に少しずつ移動させ、隠れて見えなかった部分を表示することである。
⑥ は、バッテリーの残量や充電の状況を示すランプである。
⑦ ハードディスク、ＵＳＢメモリなどに、データを読み書きする装置のことを**互換性**という。
⑧ かな漢字変換において、同音異義語の表示順位などを変える機能のことを**文節変換**という。

【解答群】

ア．ドライブ　**イ**．スクロール　**ウ**．
エ．学習機能　**オ**．上書き保存　**カ**．フォト用紙
キ．ドラッグ　**ク**．余白（マージン）

3 次の各文の〔　　〕の中から最も適切なものを選び、記号で答えなさい。

① 「まずは、～のごあいさつまで。」などと、本文を締めくくる一文のことを〔**ア**．後付け　**イ**．末文　**ウ**．別記事項〕という。

② 発送する文書の日時・発信者・受信者・種類などを記帳したものを〔**ア**．受信簿　**イ**．発信簿　**ウ**．社交文書〕という。

③ 必要事項を記入するためのスペースを設け、何を書けばよいかを説明する最小限の語句が印刷された事務用紙のことを〔**ア**．帳票　**イ**．社内文書　**ウ**．取引文書〕という。

④ 記述記号 。 の読みは、〔**ア**．読点　**イ**．句点　**ウ**．中点〕である。

⑤ 同じく記号は、〔**ア**．〆　**イ**．々　**ウ**．〃　〕である。

⑥ 〔**ア**．ファンクションキー　**イ**．ショートカットキー〕とは、特定の操作を素早く実行する、複数のキーの組み合わせのことである。

⑦ カーソルの左の文字を消去するキーは、〔**ア**．Insert　**イ**．BackSpace　**ウ**．Delete　〕である。

⑧ 〔**ア**．F1　**イ**．F6　**ウ**．F10　〕は、「ヘルプの表示」を実行するキーである。

4 次の各問いの答えとして、最も適切なものをそれぞれのア～ウの中から選び、記号で答えなさい。

① 文書番号を入力するときに必要となる操作はどれか。
ア．センタリング　**イ**．右寄せ　**ウ**．均等割付け

② 差出人のことで、作成した文書の責任者はどれか。
ア．担当者名　**イ**．受信者名　**ウ**．発信者名

③ 個人宛に対して使われない敬称はどれか。
ア．御中　**イ**．殿　**ウ**．先生

④ 下の正しい校正結果はどれか。

２５ｍ２

ア．２５２ｍ　**イ**．２５m_2　**ウ**．２５m^2

⑤ 頭語と結語の正しい組み合わせはどれか。
ア．謹啓－敬白　**イ**．前略－敬具　**ウ**．拝復－敬具

⑥ 追伸（追って書き）を入れる場所はどれか。
ア．別記事項の下　**イ**．同封物指示の下　**ウ**．担当者名の下

※本番の検定試験は白黒印刷。

5

次の表の①～⑩の中に入る漢字または読みとして、最も適切なものを解答群の中から選び、記号で答えなさい。ただし、音訓の読みが複数ある場合はその一つを記してある。また、活用語の読みは送り仮名を含む終止形になっている。

番号	漢字	音読み	訓読み
例	減	げん	へる
1	削	①	けずる
2	鈍	どん	②
3	③	ふ	うく
4	押	④	おす
5	迷	めい	⑤
6	⑥	しょう	はぶく
7	強	⑦	つよい
8	裾		⑧
9	⑨	こ	かれる
10	炭	⑩	すみ

【解答群】

ア．げん	オ．すそ	ケ．浮
イ．きょう	カ．たん	コ．枯
ウ．さく	キ．にぶる	サ．望
エ．まよう	ク．おう	シ．省

6

次の各文の〔　　〕の中から、現代仮名遣いとして最も適切なものを選び、記号で答えなさい。

① このたびは、お心〔ア．ずくし　イ．づくし〕のお料理をいただき、感謝しております。
② 来月から〔ア．おこづかい　イ．おこずかい〕を上げてもらうように話す。
③ 〔ア．うわ！　大変だ　イ．うは！　大変だ〕と彼はとても驚いた。

7

次の各文の下線部の読みを、常用漢字表付表に従い、ひらがなで答えなさい。

① 毎朝、必ず**果物**を食べるようにしている。
② 駅前の商店街に、昔から利用する**八百屋**がある。
③ **下手**に手を出さずに、プロに任せた方がいい。

8

次の＜Ａ＞・＜Ｂ＞の各問いに答えなさい。

＜Ａ＞次の各文の〔　　〕の中から、ことわざ・慣用句の一部として最も適切なものを選び、記号で答えなさい。

① 仕事が忙しいので、手〔ア．が　イ．に〕空いたら手伝ってほしいと頼まれた。
② 議論の火（ひ）ぶた〔ア．と　イ．を〕切る。

＜Ｂ＞次の各文のことわざ・慣用句について、下線部の読みとして最も適切なものを〔　　〕の中から選び、記号で答えなさい。

③ 彼女は昔から**要領**がいいと言われている。　〔ア．いれい　イ．ようりょう〕
④ この試合が私の名誉（めいよ）を**挽回**するいい機会だ。　〔ア．ばんかい　イ．めんえ〕

解答用紙→別冊②Ｐ.29 解答→別冊①Ｐ.12

模擬問題　速度３回

１行の文字数を30字に設定して入力しなさい。ただし、フォントの種類は明朝体とし、プロポーショナルフォントは使用しないこと。なおヘッダーには学年、組、番号、名前を入力し、１行目から作成しなさい。
（制限時間　10分）

　日本人の平均寿命が、男性５０歳、女性５４歳と人生５０年へと　30
なったのは、戦後まもない１９４７年のことだった。その後、平均　60
寿命は延び続け、３７年後の１９８４年には女性が８０歳を超えて　90
日本は男女とも世界一の長寿国になった。　110
　近年、東日本大震災の影響を受け、男女ともに、平均寿命の順位　140
が一時下がったものの、年金や医療など国民生活を支える社会保障　170
の給付費は急速に増え続け、今では１３０兆円を超えている。　199
　中でも、毎年、わが国で医療にどれだけの費用がかかったのかを　229
示す国民医療費は、国民所得の伸びを上回るスピードで推移してい　259
る。その増加要因の一つとして、国民の高齢化により、老人医療費　289
の割合が著しく増えていることがあげられる。　310

■ 模擬問題　実技３回 ■

次の文書を入力しなさい（ヘッダーには学年、組、番号、名前を入力すること）。
〔設定〕１行30字、１頁29行　（制限時間　15分）

総発第６４７号 ← 右寄せする。
令和７年１月２３日

東日本学園大学
　進路部長　早川　健治　様

千葉市美浜区中瀬１－２０
株式会社　日本情報機器
総務部長　中林　達彦

インターンシップ事業について ← 一重下線を引き、センタリングする。

拝啓　貴校ますますご発展のこととお喜び申し上げます。
　さて、当社では、来年度より学生インターンシップ事業を、夏季（→下記）の通り実施いたします。この事業を通して、実際の業務内容を理解していただき、就職への手助けができればと思っております。一人でも多くの学生の参加をお待ちしております。
　なお、来年度から、学生就職支援機構を通じての申し込み（に）変更となります。手続きが今年と異なりますので、ご注意ください。
敬　具

記 ← 表の行間は２.０とし、センタリングする。

業務内容	実　　施　　時　　期	募　集
ネットワーク管理	夏季休業期間中	１０名
システム設計	春季・夏季休業期間中	５名

枠内で均等割付けする。　枠内で右寄せする。

以　上

解答→別冊①Ｐ.13

■ 模擬問題　筆記３回 ■ （制限時間　15分）　1～8計50問各２点　合計100点

1

次の各文は何について説明したものか。最も適切な用語を解答群の中から選び、記号で答えなさい。

① 定型文書を効率よく作成するために用意された文書のひな形のことをいう。
② キーボードを見ないで、すべての指を使いタイピングする技術のこと。
③ 行頭や行末にあってはならない句読点や記号などを、行末や行頭に強制的に移動する処理のこと。
④ 画面に表示される格子状の点や線のこと。
⑤ マウスの左ボタンを押したまま、マウスを動かすこと。
⑥ ファイルやプログラムなどのデータを保存しておく場所のこと。
⑦ プリンタを制御するためのソフトウェア（デバイスドライバ）のこと。
⑧ パソコンなどからの映像をスクリーンに投影する装置のこと。

【解答群】

ア．タッチタイピング	イ．ドラッグ	ウ．プリンタドライバ
エ．禁則処理	オ．テンプレート	カ．プロジェクタ
キ．フォルダ	ク．グリッド（グリッド線）	

2

次の各文の下線部について、正しい場合は○を、誤っている場合は最も適切なものを解答群の中から選び、記号で答えなさい。

① 文字やオブジェクトを複製し、別の場所に挿入する編集作業のことを**カット＆ペースト**という。
② 画面上で、日本語入力の状態を表示する枠のことを**プルダウンメニュー**という。
③ 記憶媒体をデータの読み書きができる状態にすることを**フォーマット（初期化）**という。
④ 入力した文字列などを行の中央に位置付けることを**均等割付け**という。
⑤ **インクジェットプリンタ**とは、レーザ光線を用いて、トナーを用紙に定着させて印刷するプリンタのことである。
⑥ 不要になったファイルやフォルダを一時的に保管する場所のことを**辞書**という。
⑦ 画面での表示や印刷する際の文字のデザインのことを**フォント**という。
⑧ 無線LANを示すマークは**☾**である。

【解答群】

ア．ごみ箱	イ．🛜	ウ．コピー＆ペースト
エ．書式設定	オ．言語バー	カ．ファイル
キ．レーザプリンタ	ク．センタリング（中央揃え）	

3

次の各文の〔　　〕の中から最も適切なものを選び、記号で答えなさい。

① その手紙を名宛人自身が開封するよう求めるための指示を〔ア．親展　イ．書留〕という。

② ビジネス文書全体の組み立てを〔ア．簡易書留　イ．社外文書の構成　ウ．帳票〕という。

③ 〔ア．通信文書　イ．受信簿　ウ．発信簿〕とは、受け取った文書の日時・発信者・受信者・種類などを記帳したものである。

④ 漢字に準じる記号 々 の読みは、〔ア．同じく記号　イ．長音記号　ウ．繰返し記号〕である。

⑤ アンダーラインとは、〔ア．＿　イ．ー　ウ．・〕である。

⑥ ショートカットキーとは、〔ア．特定の操作を素早く実行する複数のキーの組み合わせ　イ．ＯＳやソフトが特定の操作を登録するキー〕のことをいう。

⑦ 〔ア．Delete　イ．NumLock　ウ．Insert〕とは、「上書きモードのON／OFF」を切り替えるキーのことである。

⑧ 「ひらがなへの変換」をするキーは〔ア．F9　イ．F7　ウ．F6〕である。

4

次の文書についての各問いの答えとして、最も適切なものをそれぞれのア～ウの中から選び、記号で答えなさい。

まずは、・・・・・・・・・・・・・・・・・・・・。

A　敬　白

B　記

C
１．開催日時　　７月３１日　１０時から
２．会　　場　　本社１階ショールーム

D　ゴ

なお、ご来場の際は公共交通機関のご利用をお願いいたします。

E

① Aの結語に対する頭語はどれか。
　ア．前略　　イ．謹啓　　ウ．拝啓

② Bに設定されている書式はどれか。
　ア．均等割付け　　イ．センタリング　　ウ．右寄せ

③ Cの名称はどれか。
　ア．別記事項　　イ．本文　　ウ．同封物指示

④ Dの正しい校正結果はどれか。
　ア．**公共交通機関**　　イ．交通機関　　ウ．公共交通機関

⑤ Eに入れる語句はどれか。
　ア．草　々　　イ．以　上　　ウ．敬　具

⑥ 担当者名（担当：営業部　森川）を入れる場所はどれか。
　ア．Aの下　　イ．Eの上　　ウ．Eの下

※本番の検定試験は白黒印刷。

5

次の表の①～⑩の中に入る漢字または読みとして、最も適切なものを解答群の中から選び、記号で答えなさい。ただし、音訓の読みが複数ある場合はその一つを記してある。また、活用語の読みは送り仮名を含む終止形になっている。

番号	漢字	音読み	訓読み
例	減	げん	へる
1	煎	せん	①
2	②	びょう	なえ
3	見	③	みる
4	跳	ちょう	④
5	⑤	ゆう	わく
6	粒	⑥	つぶ
7	湿	しつ	⑦
8	⑧	がい	まち
9	狩	⑨	かる
10	畝		⑩

【解答群】

ア．しめる　オ．りゅう　ケ．街
イ．いる　カ．けん　コ．湧
ウ．うね　キ．はねる　サ．苗
エ．しゅ　ク．ちょう　シ．町

6

次の各文の〔　　〕の中から、現代仮名遣いとして最も適切なものを選び、記号で答えなさい。

① 岬の突端にある〔ア．とおだい　イ．とうだい〕は、昔からの観光名所だ。
② 〔ア．みじか　イ．みぢか〕な問題として、みんなで検討した。
③ 今日は、ライスを〔ア．おおもり　イ．おうもり〕でお願いします。

7

次の各文の下線部の読みを、常用漢字表付表に従い、ひらがなで答えなさい。

① 午後から気温が高くなるので、**雪崩**に注意が必要だ。
② **素人**には違いが分からなかった。
③ 旅行先の神社で**神楽**を見た。

8

次の＜Ａ＞・＜Ｂ＞の各問いに答えなさい。

＜Ａ＞次の各文の〔　　〕の中から、ことわざ・慣用句の一部として最も適切なものを選び、記号で答えなさい。

① 彼の話を鵜呑(うの)み〔ア．に　イ．と〕するのは、やめたほうがいい。
② 彼女の努力がプロジェクトの成功に実〔ア．も　イ．を〕結んだ。

＜Ｂ＞次の各文のことわざ・慣用句について、下線部の読みとして最も適切なものを〔　　〕の中から選び、記号で答えなさい。

③ **埒**が明かないので、担当者に直接話を聞くことにした。　〔ア．らつ　イ．らち〕
④ 友人の会社に引き抜かれ、県庁を辞めて**野**に下(くだ)る決意をした。　〔ア．の　イ．や〕

解答用紙→別冊②Ｐ.30 解答→別冊①Ｐ.13

ビジネス文書部門（筆記）出題範囲 ※下位級のものは上位級で出題されることもある。

1．筆記１（機械・文書）

(1)機械・機械操作

	第３級	第２級	第１級
一般	ワープロ（ワードプロセッサ） 書式設定 余白（マージン） 全角文字 半角文字 横倍角文字 アイコン フォントサイズ フォント プロポーショナルフォント 等幅フォント 言語バー ヘルプ機能 テンプレート	ルビ 文字ピッチ 行ピッチ 和欧文字間隔 文字間隔 行間隔 マルチシート ワークシートタブ	ＤＴＰ プロパティ デフォルトの設定 ユーザの設定 ＶＤＴ障害 ＵＳＢポート ＵＳＢハブ
入力	ＩＭＥ クリック ダブルクリック ドラッグ タッチタイピング 学習機能 グリッド（グリッド線） デスクトップ ウィンドウ マウスポインタ（マウスカーソル） カーソル プルダウンメニュー ポップアップメニュー	コード入力 手書き入力 タブ インデント ツールボタン ツールバー テキストボックス 単語登録 定型句登録 オブジェクト 予測入力	
キー操作	ショートカットキー ファンクションキー テンキー Ｆ１ Ｆ６ Ｆ７ Ｆ８ Ｆ９ Ｆ10 NumLock Shift＋CapsLock BackSpace Delete Insert Tab Shift＋Tab Esc Alt Ctrl PrtSc	Ctrl＋C Ctrl＋P Ctrl＋V Ctrl＋X Ctrl＋Z Ctrl＋Y	Ctrl＋A Ctrl＋B Ctrl＋I Ctrl＋N Ctrl＋O Ctrl＋S Ctrl＋U Ctrl＋Shift Alt＋F4 Alt＋X
出力	インクジェットプリンタ レーザプリンタ ディスプレイ スクロール プリンタ プリンタドライバ プロジェクタ スクリーン 用紙サイズ 印刷プレビュー Ａサイズ（Ａ３・Ａ４） Ｂサイズ（Ｂ４・Ｂ５） インクジェット用紙 フォト用紙 デバイスドライバ	dpi ドット 画面サイズ 解像度 ルーラー 用紙カセット 手差しカセット トナー インクカートリッジ 袋とじ印刷 レターサイズ 再生紙 ＰＰＣ用紙 感熱紙	マルチウィンドウ 文頭（文末）表示 ヘッダー フッター 差し込み印刷 バックグラウンド印刷 部単位印刷 ローカルプリンタ ネットワークプリンタ 裏紙（反故紙） 偽造防止用紙 和文フォント 欧文フォント
編集	右寄せ（右揃え） センタリング（中央揃え） 左寄せ（左揃え） 禁則処理 均等割付け 文字修飾 カット＆ペースト コピー＆ペースト	網掛け 段組み 背景 塗りつぶし 透かし	置換 段落 ドロップキャップ

記憶	保存 名前を付けて保存 上書き保存 フォルダ フォーマット（初期化） 単漢字変換 文節変換 辞書 ごみ箱 互換性 ファイル ドライブ ファイルサーバ ハードディスク ＵＳＢメモリ	ＪＩＳ第１水準 ＪＩＳ第２水準 常用漢字 合字 機種依存文字 異体字 文字化け バックアップ ファイリング 拡張子 文書ファイル 静止画像ファイル	組み文字 外字 文書の保管 文書の保存 文書の履歴管理 専門辞書 標準辞書 Unicode ＪＩＳコード シフトＪＩＳコード
電子メール		メールアドレス メールアカウント アドレスブック To Cc Bcc From 添付ファイル 件名 メール本文 署名 ネチケット	ＨＴＭＬメール リッチテキストメール テキストメール 受信箱 送信箱 ゴミ箱 メールボックス メーラ メーリングリスト Fw PS Re Reply

(2)文書の種類

			第３級	第２級	第１級
通信文書（一般文書）	社内文書		ビジネス文書 信書 通信文書 帳票 社内文書	通達 通知 連絡文書 回覧 規定・規程	報告書 稟議書 起案書
通信文書（一般文書）	社内文書／社外文書				企画書 提案書
通信文書（一般文書）	社外文書	社交文書	社外文書 社交文書	挨拶状 招待状 祝賀状 紹介状 礼状	推薦状 弔慰状 見舞状
通信文書（一般文書）	社外文書	取引文書	取引文書	添え状 案内状 依頼状	照会状、契約書、承諾書 苦情状、通知状、督促状 詫び状、回答状、目論見書
通信文書（一般文書）	社外文書	その他			公告
帳票	社内文書			願い、届	帳簿
帳票	社外文書／取引文書			取引伝票、見積依頼書 見積書、注文書、注文請書 納品書、物品受領書 請求書、領収証、委嘱状 誓約書、仕様書、確認書	委任状、申請書
帳票	印鑑の種類			電子印鑑、代表者印 銀行印、役職印、認印 実印、押印、捺印 タイムスタンプ	

⑶文書の作成と用途

	第３級	第２級	第１級
文書の構成・作成	社外文書の構成 前付け 本文 後付け ビジネス文書の構成の例 ビジネス文書で扱う語彙の意味と使い分け	電子メール［発信］の構成と注意	５Ｗ１Ｈ ７Ｗ２Ｈ 文書主義 短文主義 簡潔主義 一件一葉主義 箇条書き 忌み言葉 重ね言葉 禁句 電子メール［受信］の構成と注意 ビジネス文書で扱う語彙の意味と使い分け
校正記号	行を起こす、行を続ける、誤字訂正、余分字を削除し詰める 余分字を削除し空けておく、脱字補充、空け、詰め 入れ替え、移動、大文字に直す、書体変更、ポイント変更 下付き（上付き）文字に直す 上付き（下付き）を下付き（上付き）にする		
記号・罫線・マーク	記号の読みと使用例 マーク・ランプの呼称と意味	記号・マークの読みと使い方	
文書の受発信	受信簿、発信簿、書留 簡易書留、速達、親展		

⑷プレゼンテーション

	第２級	第１級		
プレゼンテーション	プレゼンテーション プレゼンテーションソフト タイトル サブタイトル スライド スライドショー レイアウト 配付資料 ツール ポインタ レーザポインタ スクリーン（３級用語参照） プロジェクタ（３級用語参照）	クライアント キーパーソン プレゼンター 知識レベル ストーリー フレームワーク 起承転結 三段論法 結論先出し法 リード アニメーション効果 サウンド効果 プレゼンテーションの流れ	発表準備 プランニングシート チェックシート 聴衆分析（リサーチ） プレビュー リハーサル 評価（レビュー） フィードバック スライドマスタ プレースホルダ 背景デザイン アウトラインペイン スライドペイン	ノートペイン デリバリー技術 発問 アイコンタクト ボディランゲージ ハンドアクション ＨＤＭＩ ＶＧＡ ＵＳＢ ５Ｗ１Ｈ（１級文書参照） ７Ｗ２Ｈ（１級文書参照）

⑸電子メール

	第３級	第２級	第１級
電子メール		⑴機械・機械操作に統合して解説	

2．筆記２（ことばの知識）

	第３級	第２級	第１級
漢字・熟語	常用漢字の読み 現代仮名遣い 熟字訓とあて字の読み 慣用句・ことわざ	頻出語 三字熟語 同訓異字 慣用句・ことわざ	難読語 四字熟語 同音異義語

筆記問題　検定試験出題回数のまとめ【３級】

※第68回（令和４年７月実施）～第71回（令和５年11月実施）までの出題

●機械・機械操作

分類	項目	回数
一般	ワープロ（ワードプロセッサ）	１回
	書式設定	１回
	余白（マージン）	２回
	全角文字	１回
	半角文字	１回
	横倍角文字	１回
	アイコン	１回
	フォントサイズ	１回
	フォント	１回
	プロポーショナルフォント	０回
	等幅フォント	２回
	言語バー	２回
	ヘルプ機能	１回
	テンプレート	１回
入力	ＩＭＥ	１回
	クリック	０回
	ダブルクリック	１回
	ドラッグ	１回
	タッチタイピング	１回
	学習機能	２回
	グリッド（グリッド線）	１回
	デスクトップ	２回
	ウィンドウ	１回
	マウスポインタ（マウスカーソル）	１回
	カーソル	０回
	プルダウンメニュー	１回
	ポップアップメニュー	１回

分類	項目	回数
キー操作	ショートカットキー	０回
	ファンクションキー	０回
	テンキー	１回
	Ｆ１	０回
	Ｆ６	１回
	Ｆ７	０回
	Ｆ８	０回
	Ｆ９	１回
	F10	１回
	NumLock	０回
	Shift＋CapsLock	１回
	BackSpace	０回
	Delete	０回
	Insert	０回
	Tab	０回
	Shift＋Tab	０回
	Esc	１回
	Alt	１回
	Ctrl	０回
	PrtSc	１回
出力	インクジェットプリンタ	１回
	レーザプリンタ	１回
	ディスプレイ	１回
	スクロール	１回
	プリンタ	１回
	プリンタドライバ	１回
	プロジェクタ	０回
	スクリーン	１回
	用紙サイズ	０回

分類	項目	回数
出力	印刷プレビュー	１回
	Ａサイズ（Ａ３・Ａ４）	１回
	Ｂサイズ（Ｂ４・Ｂ５）	０回
	インクジェット用紙	１回
	フォト用紙	１回
	デバイスドライバ	１回
編集	右寄せ（右揃え）	１回
	センタリング（中央揃え）	２回
	左寄せ（左揃え）	１回
	禁則処理	１回
	均等割付け	２回
	文字修飾	３回
	カット＆ペースト	１回
	コピー＆ペースト	１回
記憶	保存	０回
	名前を付けて保存	２回
	上書き保存	１回
	フォルダ	１回
	フォーマット（初期化）	１回
	単漢字変換	１回
	文節変換	１回
	辞書	０回
	ごみ箱	１回
	互換性	１回
	ファイル	１回
	ドライブ	１回
	ファイルサーバ	１回
	ハードディスク	０回
	ＵＳＢメモリ	１回

●文書の種類（通信文書（一般文書））

項目	回数	項目	回数	項目	回数
ビジネス文書	１回	帳票	１回	社交文書	１回
信書	１回	社内文書	１回	取引文書	１回
通信文書	１回	社外文書	１回		

●文書の作成と用途

分類	項目	回数
文書の構成・作成	社外文書の構成	１回
	前付け	０回
	本文	１回
	後付け	２回
校正記号	行を起こす	０回
	行を続ける	０回
	誤字訂正	０回
	余分字を削除し詰める	０回
	余分字を削除し空けておく	０回
	脱字補充	０回
	空け	０回
	詰め	１回
	入れ替え	１回
	移動	０回
	大文字に直す	０回
	書体変更	０回
	ポイント変更	０回
	下付き（上付き）文字に直す	１回
	上付き（下付き）文字を下付き（上付き）文字にする	０回

分類	項目	回数
記号・罫線・マーク	読点（、）	０回
	句点（。）	０回
	コンマ（，）	０回
	ピリオド（．）	０回
	中点（・）	０回
	コロン（：）	０回
	セミコロン（；）	１回
	アンダーライン（＿）	１回
	長音記号（ー）	０回
	円記号（￥）	０回
	ドル記号（＄）	０回
	ユーロ記号（€）	０回
	ポンド記号（£）	１回
	パーセント（％）	０回
	アンパサンド（＆）	１回
	アステリスク（＊）	１回
	単価記号（＠）	１回
	同じく記号（〃）	０回
	繰返し記号（々）	０回
	しめ（〆）	２回

分類	項目	回数
記号・罫線・マーク	電源オン（｜）	０回
	一重丸（電源オフ）（○）	０回
	電源マーク（⏻）	１回
	電源オンオフ（⏼）	０回
	電源スリープ（⏾）	０回
	無線LAN（ ）	１回
	ＵＳＢ（ ）	０回
	電源ランプ（ ）	０回
	アクセスランプ（ ）	０回
	バッテリーランプ（ ）	１回
	NumLockランプ（ ）	１回
	CapsLockランプ（ ）	０回
	ScrollLockランプ（ ）	０回
文書の受発信	受信簿	０回
	発信簿	１回
	書留	１回
	簡易書留	１回
	速達	０回
	親展	１回

別冊①
解答

全商ビジネス文書

実務検定試験模擬問題集

Word2019対応

2024年度版

目次

実技問題解答

※１～２回の解答は、問題の次のページに掲載しています。

3回

①～⑳各５点、70点以上で合格

※審査箇所以外は、文字の正確エラーや編集エラーがあってもエラーにはならない。※審査箇所に未入力文字・誤字・脱字・余分字などのエラーが一つでもあれば、当該項目は不正解とする。

	項目	内容	
①	文書の余白	余白が上下左右それぞれ20mm以上30mm以下となっていない場合はエラーとする。※なお、文字や線などが制限時間内に入力できないことにより、余白が30mmを超えた場合はエラーとしない。	全体で５点
	フォントの種類・サイズ	審査箇所で、指示のない文字は、フォントの種類が明朝体の全角で、サイズは14ポイントに統一されていること。	
	空白行・１行の文字数	問題文にない空白行がある場合はエラーとする。１行の文字数は30字で設定されていること。	
	文書の印刷	逆さ印刷、裏面印刷、審査欄にかかった印刷、複数ページにまたがった印刷、破れ印刷など、明らかに本人による印刷ミスは、エラーとする。	

■３回　審査基準

販発第３６５号
令和６年６月１５日　（②発信日付の右寄せ）

（③行空け）

大川住宅株式会社
□営業課長□酒井□陽子□様　（④受信者の編集）

高松市朝日町２８－１６
長谷川家具株式会社　（⑤文字の正確）
販売部長□森□えりか□□　（⑥発信者の編集）

謝恩特別セールのご案内　（⑦件名の編集）

拝啓　貴社ますますご隆盛のこととお喜び申し上げます。（⑧文字の正確）
　さて、このたび弊社では、お得意様への感謝を込めて、年度末の（⑨校正記号による校正）
特別価格謝恩セールを開催いたします。（⑩文字の正確）
　つきましては、７月１１日から７月１５日までの５日間に限り、
下記の商品について、特別価格にて販売いたします。（⑨校正記号による校正）
□なお、他の商品につきましても、サービスさせていただきますの（⑪文字の正確）
で、ぜひともご来店くださいますようお願い申し上げます。（⑪文字の正確）（⑫文字の正確）
敬□具□

（③行空け）
記　（⑭記のセンタリング）

（⑯項目名の位置）（⑮罫線による作表）

商□品□名	規□□□□格	価□□格
ハイチェスト	ＪＡＧＡシリーズ	７万円／脚
会議用テーブル	Ｋ　Ｔ　タ　イ　プ	１０万円／脚

（⑰商品名の均等割付け）（⑱文字の正確）（⑲価格の右寄せ）

以□上□　（⑳以上の編集）

4回

①～⑳各５点、70点以上で合格

※審査箇所以外は、文字の正確エラーや編集エラーがあってもエラーにはならない。※審査箇所に未入力文字・誤字・脱字・余分字などのエラーが一つでもあれば、当該項目は不正解とする。

	項目	内容	
①	文書の余白	余白が上下左右それぞれ20mm以上30mm以下となっていない場合はエラーとする。※なお、文字や線などが制限時間内に入力できないことにより、余白が30mmを超えた場合はエラーとしない。	全体で５点
	フォントの種類・サイズ	審査箇所で、指示のない文字は、フォントの種類が明朝体の全角で、サイズは14ポイントに統一されていること。	
	空白行・１行の文字数	問題文にない空白行がある場合はエラーとする。１行の文字数は30字で設定されていること。	
	文書の印刷	逆さ印刷、裏面印刷、審査欄にかかった印刷、複数ページにまたがった印刷、破れ印刷など、明らかに本人による印刷ミスは、エラーとする。	

総発第１５７号　（②文書番号の右寄せ）
令和６年９月１２日

（③行空け）

株式会社　東洋家具
□営業部長□堀井□謙一郎□様　（④受信者の編集）

大阪市浪速区日本橋６－１１
株式会社□関西建設
総務部長□大塩□順二□□　（⑤発信者の編集）

見積りのお願い　（⑥件名の編集）

拝啓□貴社ますますご隆盛のこととお喜び申し上げます。（⑦文字の正確）（⑧校正記号による校正）
　さて、このたび当社では、本社屋の移転に伴い事務備品の更新を
行うこととなりました。複数社よりいただいた資料等を元に検討し（⑨文字の正確）
た結果、貴社の製品を注文することが決定いたしました。（⑩文字の正確）
□つきましては、下記条件による見積書ご作成のうえ、至急ご送付（⑧校正記号による校正）
くださいますようお願い申し上げます。（⑪文字の正確）
敬□具□　（⑫敬具の編集）

（③行空け）
記

（⑭項目名の位置）（⑬罫線による作表）

品□□□□名	形□□□□式	注文数
事務用スチールデスク	ＤＪＳ－５１２０	１９０
スチールロッカー	Ｓ　Ｌ　－　２　４　０	３８

（⑮文字の正確）（⑯文字の正確）（⑰品名の均等割付け）（⑱形式の均等割付け）（⑲注文数の右寄せ）

以□上□　（⑳文字の正確）

5回　①～⑳各5点、70点以上で合格

※審査箇所以外は、文字の正確エラーや編集エラーがあってもエラーにはならない。※審査箇所に未入力文字・誤字・脱字・余分字などのエラーが一つでもあれば、当該項目は不正解とする。

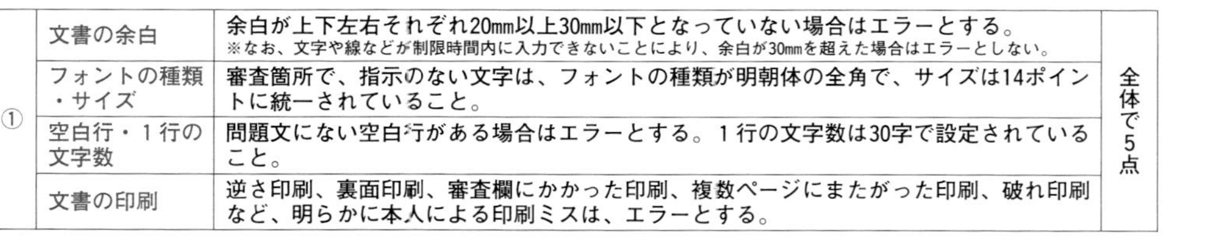

①	文書の余白	余白が上下左右それぞれ20mm以上30mm以下となっていない場合はエラーとする。 ※なお、文字や線などが制限時間内に入力できないことにより、余白が30mmを超えた場合はエラーとしない。	全体で5点
	フォントの種類・サイズ	審査箇所で、指示のない文字は、フォントの種類が明朝体の全角で、サイズは14ポイントに統一されていること。	
	空白行・1行の文字数	問題文にない空白行がある場合はエラーとする。1行の文字数は30字で設定されていること。	
	文書の印刷	逆さ印刷、裏面印刷、審査欄にかかった印刷、複数ページにまたがった印刷、破れ印刷など、明らかに本人による印刷ミスは、エラーとする。	

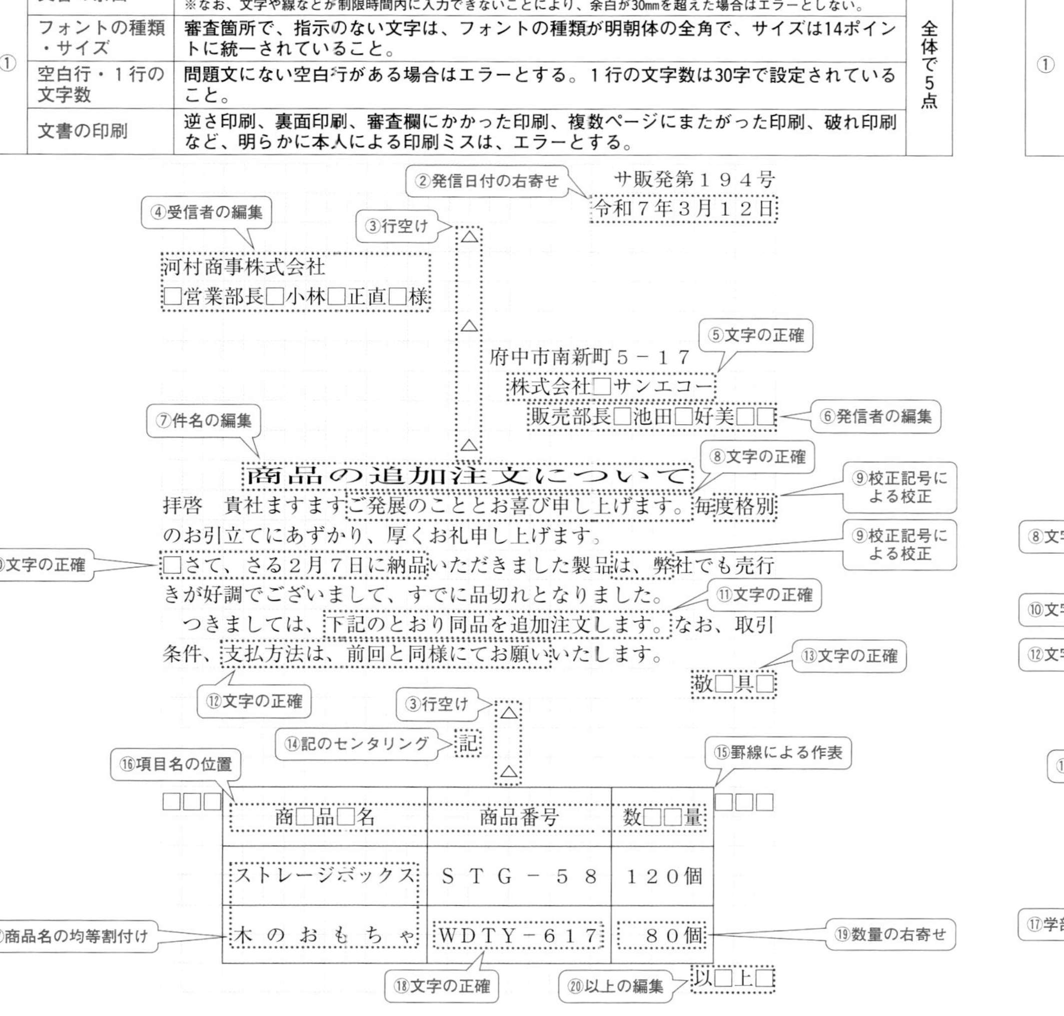

サ販発第１９４号
令和７年３月１２日

河村商事株式会社
□営業部長□小林□正直□様

府中市南新町５－１７
株式会社□サンエコー
販売部長□池田□好美□□

商品の追加注文について

拝啓　貴社ますますご発展のこととお喜び申し上げます。毎度格別のお引立てにあずかり、厚くお礼申し上げます。
□さて、さる２月７日に納品いただきました製品は、弊社でも売行きが好調でございまして、すでに品切れとなりました。
　つきましては、下記のとおり同品を追加注文します。なお、取引条件、支払方法は、前回と同様にてお願いいたします。

敬□具□

記

商□品□名	商品番号	数□□量
ストレージボックス	ＳＴＧ－５８	１２０個
木のおもちゃ	ＷＤＴＹ－６１７	８０個

以□上□

問題→本誌P.78

6回　①～⑳各5点、70点以上で合格

※審査箇所以外は、文字の正確エラーや編集エラーがあってもエラーにはならない。※審査箇所に未入力文字・誤字・脱字・余分字などのエラーが一つでもあれば、当該項目は不正解とする。

①	文書の余白	余白が上下左右それぞれ20mm以上30mm以下となっていない場合はエラーとする。 ※なお、文字や線などが制限時間内に入力できないことにより、余白が30mmを超えた場合はエラーとしない。	全体で5点
	フォントの種類・サイズ	審査箇所で、指示のない文字は、フォントの種類が明朝体の全角で、サイズは14ポイントに統一されていること。	
	空白行・1行の文字数	問題文にない空白行がある場合はエラーとする。1行の文字数は30字で設定されていること。	
	文書の印刷	逆さ印刷、裏面印刷、審査欄にかかった印刷、複数ページにまたがった印刷、破れ印刷など、明らかに本人による印刷ミスは、エラーとする。	

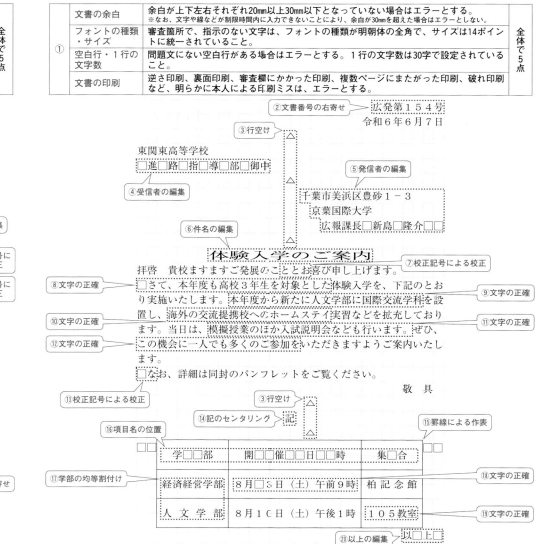

②文書番号の右寄せ　広発第１５４号
令和６年６月７日

③行空け

東関東高等学校
□進□路□指□導□部□御中
④受信者の編集

⑤発信者の編集
千葉市美浜区豊砂１－３
京葉国際大学
広報課長□新島□隆介□□

⑥件名の編集
体験入学のご案内

拝啓　貴校ますますご発展のこととお喜び申し上げます。（⑦校正記号による校正）
□さて、本年度も高校３年生を対象とした体験入学を、下記のとおり実施いたします。本年度から新たに人文学部に国際交流学科を設置し、海外の交流提携校へのホームステイ実習などを拡充しております。当日は、模擬授業のほか入試説明会なども行います。ぜひ、この機会に一人でも多くのご参加をいただきますようご案内いたします。
□なお、詳細は同封のパンフレットをご覧ください。

⑧文字の正確　⑨文字の正確　⑩文字の正確　⑪文字の正確　⑫文字の正確　⑬校正記号による校正

敬　具

③行空け

⑭記のセンタリング　記

⑮罫線による作表　⑯項目名の位置

学□□部	開□□催□□日□□時	集□合
経済経営学部	８月□３日（土）午前９時	柏記念館
人文学部	８月１０日（土）午後１時	１０５教室

⑰学部の均等割付け　⑱文字の正確　⑲文字の正確

⑳以上の編集　以□上□

問題→本誌P.79

7回　①～⑳各５点、70点以上で合格

※審査箇所以外は、文字の正確エラーや編集エラーがあってもエラーにはならない。※審査箇所に未入力文字・誤字・脱字・余分字などのエラーが一つでもあれば、当該項目は不正解とする。

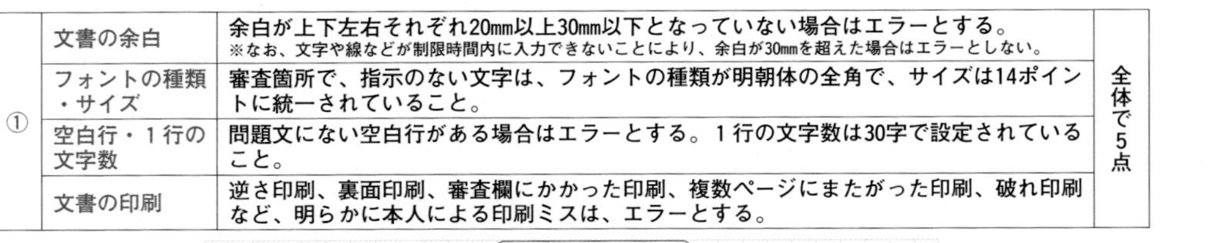

	項目	内容	配点
①	文書の余白	余白が上下左右それぞれ20mm以上30mm以下となっていない場合はエラーとする。 ※なお、文字や線などが制限時間内に入力できないことにより、余白が30mmを超えた場合はエラーとしない。	全体で５点
	フォントの種類・サイズ	審査箇所で、指示のない文字は、フォントの種類が明朝体の全角で、サイズは14ポイントに統一されていること。	
	空白行・１行の文字数	問題文にない空白行がある場合はエラーとする。１行の文字数は30字で設定されていること。	
	文書の印刷	逆さ印刷、裏面印刷、審査欄にかかった印刷、複数ページにまたがった印刷、破れ印刷など、明らかに本人による印刷ミスは、エラーとする。	

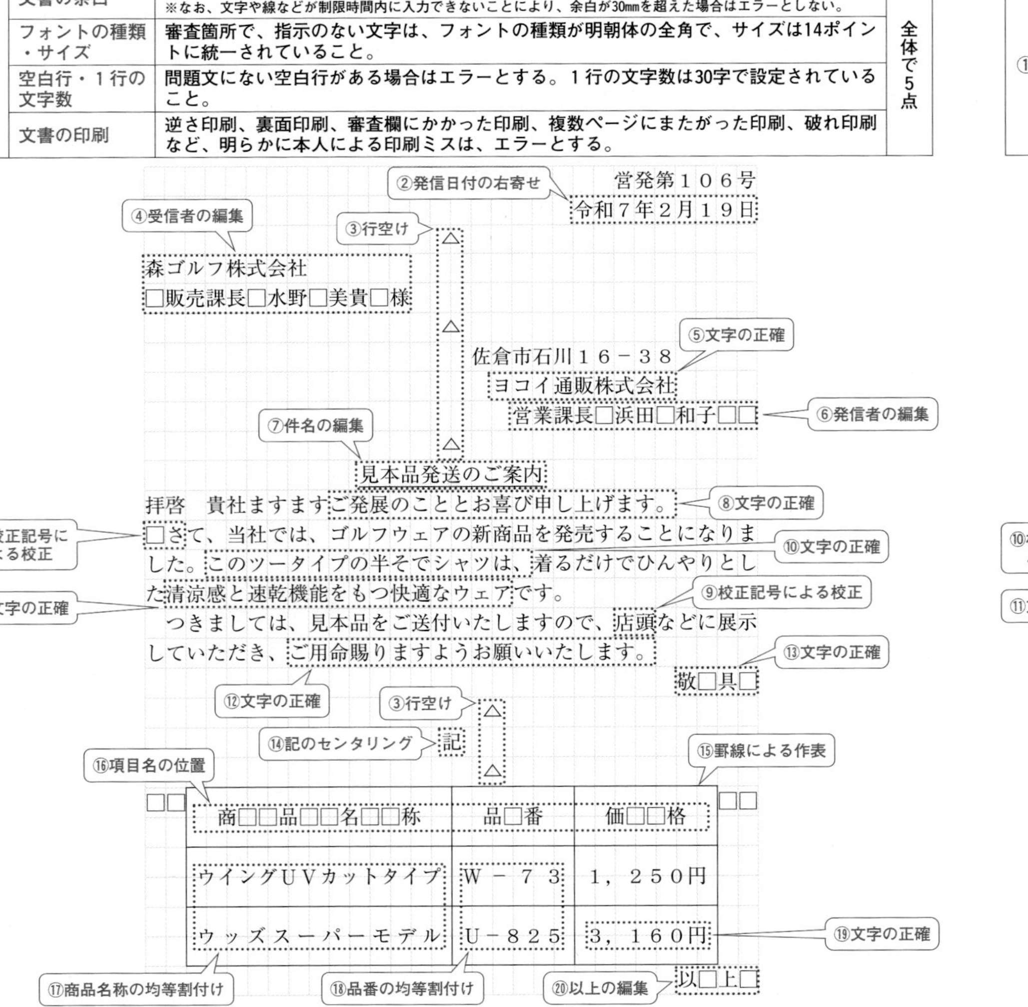

営発第１０６号
令和７年２月１９日

森ゴルフ株式会社
□販売課長□水野□美貴□様

佐倉市石川１６－３８
ヨコイ通販株式会社
営業課長□浜田□和子□□

見本品発送のご案内

拝啓　貴社ますますご発展のこととお喜び申し上げます。
□さて、当社では、ゴルフウェアの新商品を発売することになりました。このツータイプの半そでシャツは、着るだけでひんやりとした清涼感と速乾機能をもつ快適なウェアです。
つきましては、見本品をご送付いたしますので、店頭などに展示していただき、ご用命賜りますようお願いいたします。

敬□具□

記

商□□品□□名□□称	品□番	価□□格
ウイングＵＶカットタイプ	Ｗ－７３	１，２５０円
ウッズスーパーモデル	Ｕ－８２５	３，１６０円

以□上□

問題→本誌Ｐ.80

8回　①～⑳各５点、70点以上で合格

※審査箇所以外は、文字の正確エラーや編集エラーがあってもエラーにはならない。※審査箇所に未入力文字・誤字・脱字・余分字などのエラーが一つでもあれば、当該項目は不正解とする。

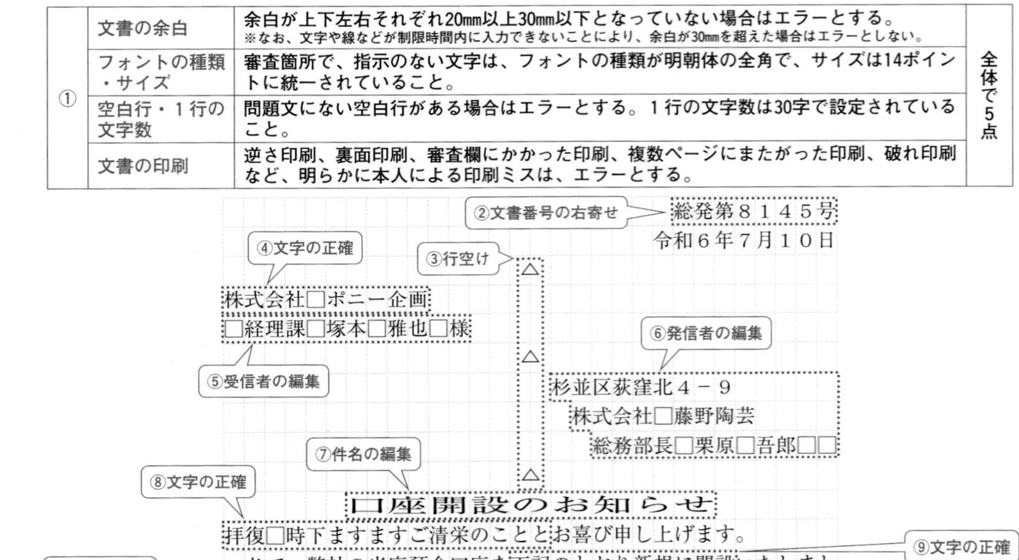

	項目	内容	配点
①	文書の余白	余白が上下左右それぞれ20mm以上30mm以下となっていない場合はエラーとする。 ※なお、文字や線などが制限時間内に入力できないことにより、余白が30mmを超えた場合はエラーとしない。	全体で５点
	フォントの種類・サイズ	審査箇所で、指示のない文字は、フォントの種類が明朝体の全角で、サイズは14ポイントに統一されていること。	
	空白行・１行の文字数	問題文にない空白行がある場合はエラーとする。１行の文字数は30字で設定されていること。	
	文書の印刷	逆さ印刷、裏面印刷、審査欄にかかった印刷、複数ページにまたがった印刷、破れ印刷など、明らかに本人による印刷ミスは、エラーとする。	

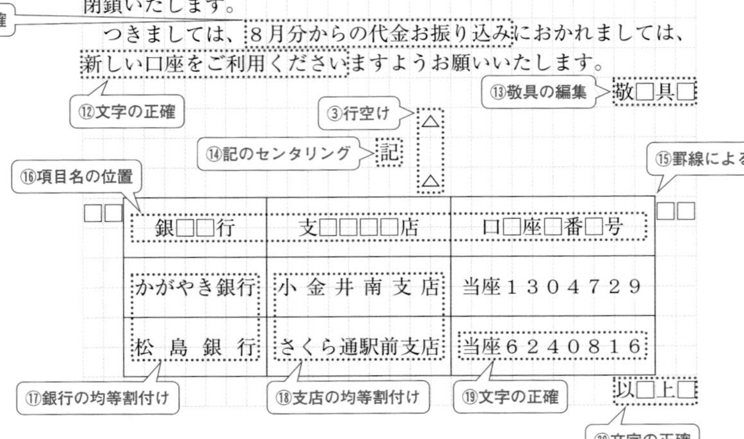

総発第８１４５号
令和６年７月１０日

株式会社□ポニー企画
□経理課□塚本□雅也□様

杉並区荻窪北４－９
株式会社□藤野陶芸
総務部長□栗原□吾郎□□

口座開設のお知らせ

拝復□時下ますますご清栄のこととお喜び申し上げます。
さて、弊社の当座預金口座を下記のとおり新規に開設いたしました。現在お振り込みいただいております総合口座は、９月３０日に閉鎖いたします。
つきましては、８月分からの代金お振り込みにおかれましては、新しい口座をご利用くださいますようお願いいたします。

敬□具□

記

銀□□行	支□□□□店	口□座□番□号
かがやき銀行	小金井南支店	当座１３０４７２９
松島銀行	さくら通駅前支店	当座６２４０８１６

以□上□

問題→本誌Ｐ.81

9回　①～⑳各５点、70点以上で合格

※審査箇所以外は、文字の正確エラーや編集エラーがあってもエラーにはならない。※審査箇所に未入力文字・誤字・脱字・余分字などのエラーが一つでもあれば、当該項目は不正解とする。

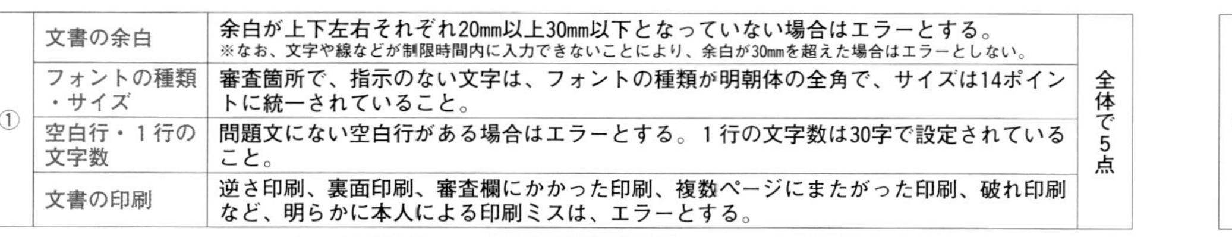

①	文書の余白	余白が上下左右それぞれ20mm以上30mm以下となっていない場合はエラーとする。※なお、文字や線などが制限時間内に入力できないことにより、余白が30mmを超えた場合はエラーとしない。	全体で5点
	フォントの種類・サイズ	審査箇所で、指示のない文字は、フォントの種類が明朝体の全角で、サイズは14ポイントに統一されていること。	
	空白行・１行の文字数	問題文にない空白行がある場合はエラーとする。１行の文字数は30字で設定されていること。	
	文書の印刷	逆さ印刷、裏面印刷、審査欄にかかった印刷、複数ページにまたがった印刷、破れ印刷など、明らかに本人による印刷ミスは、エラーとする。	

総発第１８９号
令和７年１月１６日

中野商事株式会社
□開発指導部長□林□恵美□様

三鷹市上連雀３－７
西川ＯＡ機器株式会社
総務部長□橋本□豪□□

パソコン講習会のご案内

拝復　貴社ますますご隆盛のこととお喜び申し上げます。
□さて、弊社が開催する講習会につきまして、過日ご案内いたしましたが、おかげさまで予想を上回るお申し込みをいただきました。そこで会員の皆様のみを対象とした講習会を追加して、下記のとおり実施いたします。内容は、前回に開催した講座と同様です。
　なお、誠に恐縮でございますが、先着順で定員になり次第締め切りとさせていただきますので、早めにお申し込み願います。
敬　具

記

講□□習□□内□□容	講□習□日	料□□金
インターネットと著作権法	２月１５日	５，０００円
ネ　ッ　ト　ワ　ー　ク　構　築	２月１６日	８，０００円

以□上□

②発信日付の右寄せ　③行空け　④受信者の編集　⑤文字の正確　⑥発信者の編集　⑦件名の編集　⑧文字の正確　⑨文字の正確　⑩文字の正確　⑪校正記号による校正　⑫校正記号による校正　⑬文字の正確　⑭記のセンタリング　⑮罫線による作表　⑯項目名の位置　⑰講習内容の均等割付け　⑱文字の正確　⑲文字の正確　⑳以上の編集

問題→本誌Ｐ.82

10回　①～⑳各５点、70点以上で合格

※審査箇所以外は、文字の正確エラーや編集エラーがあってもエラーにはならない。※審査箇所に未入力文字・誤字・脱字・余分字などのエラーが一つでもあれば、当該項目は不正解とする。

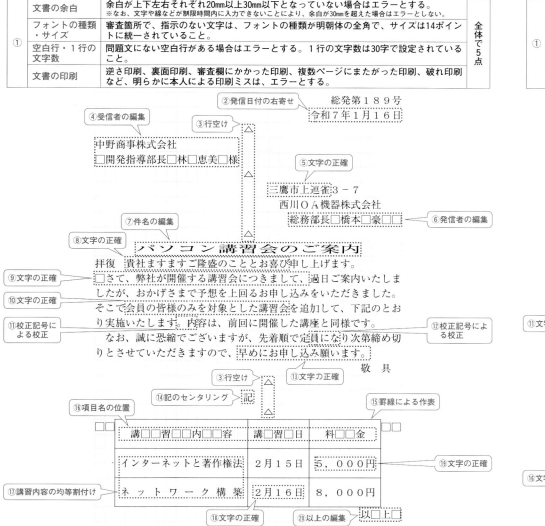

①	文書の余白	余白が上下左右それぞれ20mm以上30mm以下となっていない場合はエラーとする。※なお、文字や線などが制限時間内に入力できないことにより、余白が30mmを超えた場合はエラーとしない。	全体で5点
	フォントの種類・サイズ	審査箇所で、指示のない文字は、フォントの種類が明朝体の全角で、サイズは14ポイントに統一されていること。	
	空白行・１行の文字数	問題文にない空白行がある場合はエラーとする。１行の文字数は30字で設定されていること。	
	文書の印刷	逆さ印刷、裏面印刷、審査欄にかかった印刷、複数ページにまたがった印刷、破れ印刷など、明らかに本人による印刷ミスは、エラーとする。	

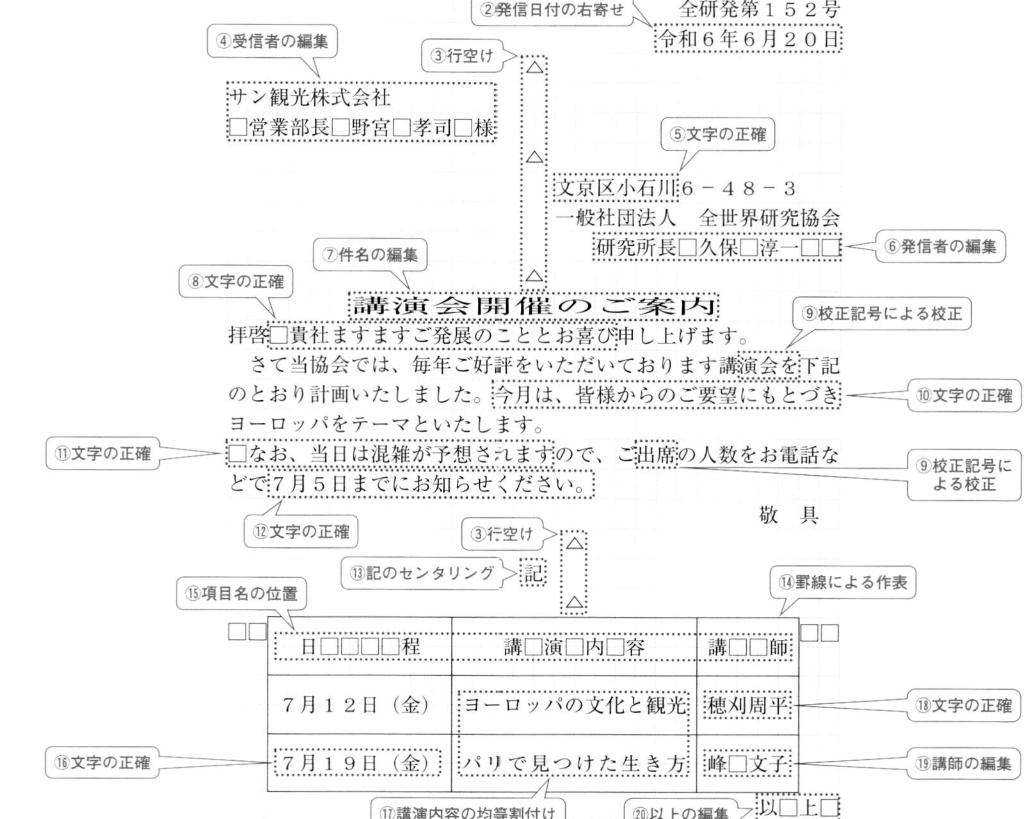

全研発第１５２号
令和６年６月２０日

サン観光株式会社
□営業部長□野宮□孝司□様

文京区小石川６－４８－３
一般社団法人　全世界研究協会
研究所長□久保□淳一□□

講演会開催のご案内

拝啓□貴社ますますご発展のこととお喜び申し上げます。
　さて当協会では、毎年ご好評をいただいております講演会を下記のとおり計画いたしました。今月は、皆様からのご要望にもとづきヨーロッパをテーマといたします。
□なお、当日は混雑が予想されますので、ご出席の人数をお電話などで７月５日までにお知らせください。
敬　具

記

日□□□□程	講□演□内□容	講□□師
７月１２日（金）	ヨーロッパの文化と観光	穂刈周平
７月１９日（金）	パリで見つけた生き方	峰□文子

以□上□

②発信日付の右寄せ　③行空け　④受信者の編集　⑤文字の正確　⑥発信者の編集　⑦件名の編集　⑧文字の正確　⑨校正記号による校正　⑩文字の正確　⑪文字の正確　⑫文字の正確　⑬記のセンタリング　⑭罫線による作表　⑮項目名の位置　⑯文字の正確　⑰講演内容の均等割付け　⑱文字の正確　⑲講師の編集　⑳以上の編集

問題→本誌Ｐ.83

11回　①～⑳各５点、70点以上で合格

※審査箇所以外は、文字の正確エラーや編集エラーがあってもエラーにはならない。※審査箇所に未入力文字・誤字・脱字・余分字などのエラーが一つでもあれば、当該項目は不正解とする。

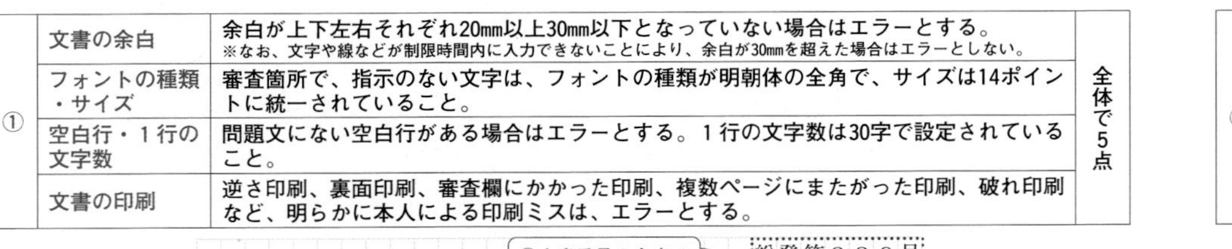

①	文書の余白	余白が上下左右それぞれ20mm以上30mm以下となっていない場合はエラーとする。 ※なお、文字や線などが制限時間内に入力できないことにより、余白が30mmを超えた場合はエラーとしない。	全体で5点
	フォントの種類・サイズ	審査箇所で、指示のない文字は、フォントの種類が明朝体の全角で、サイズは14ポイントに統一されていること。	
	空白行・1行の文字数	問題文にない空白行がある場合はエラーとする。１行の文字数は30字で設定されていること。	
	文書の印刷	逆さ印刷、裏面印刷、審査欄にかかった印刷、複数ページにまたがった印刷、破れ印刷など、明らかに本人による印刷ミスは、エラーとする。	

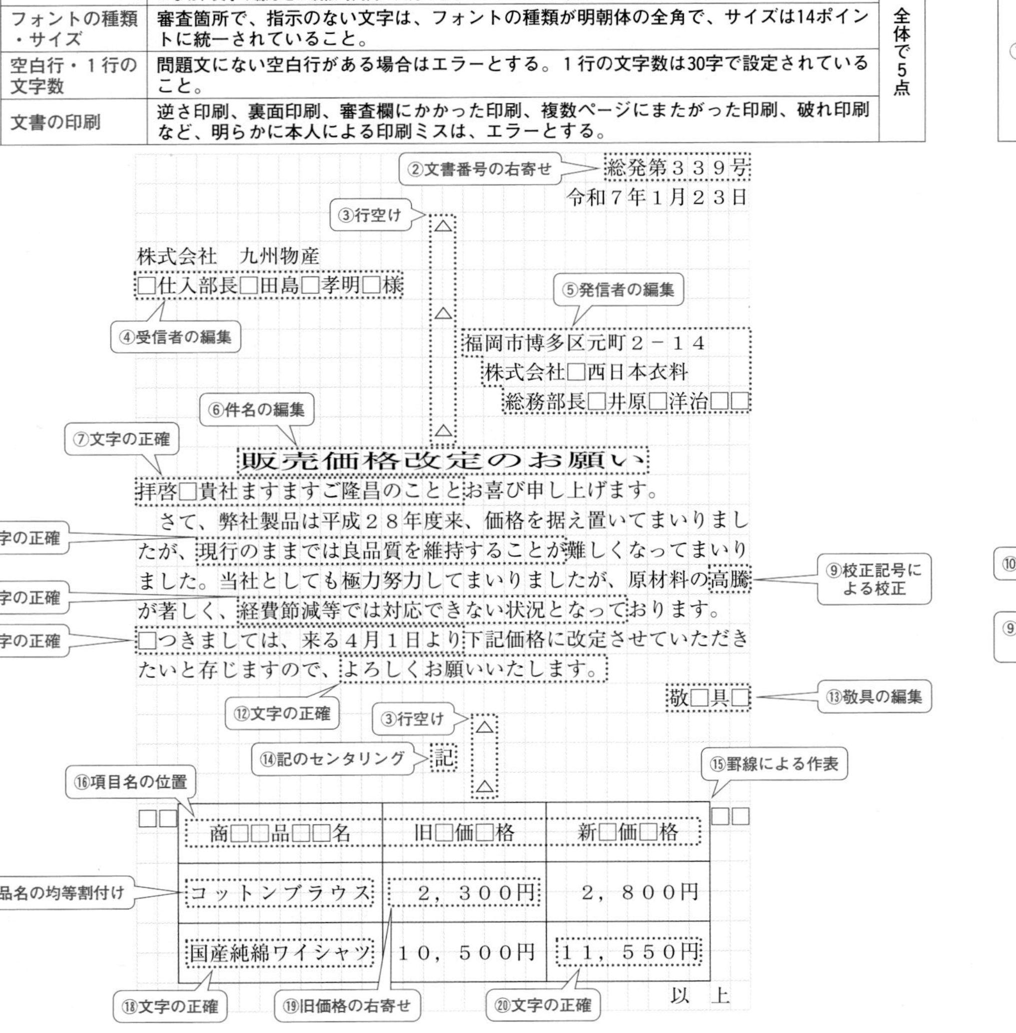

総発第３３９号
令和７年１月２３日

株式会社　九州物産
□仕入部長□田島□孝明□様

福岡市博多区元町２－１４
株式会社□西日本衣料
総務部長□井原□洋治□□

販売価格改定のお願い

拝啓□貴社ますますご隆昌のこととお喜び申し上げます。
さて、弊社製品は平成２８年度来、価格を据え置いてまいりましたが、現行のままでは良品質を維持することが難しくなってまいりました。当社としても極力努力してまいりましたが、原材料の高騰が著しく、経費節減等では対応できない状況となっております。
□つきましては、来る４月１日より下記価格に改定させていただきたいと存じますので、よろしくお願いいたします。

敬□具□

記

商□□品□□名	旧□価□格	新□価□格
コットンブラウス	２，３００円	２，８００円
国産純綿ワイシャツ	１０，５００円	１１，５５０円

以　上

12回　①～⑳各５点、70点以上で合格

※審査箇所以外は、文字の正確エラーや編集エラーがあってもエラーにはならない。※審査箇所に未入力文字・誤字・脱字・余分字などのエラーが一つでもあれば、当該項目は不正解とする。

①	文書の余白	余白が上下左右それぞれ20mm以上30mm以下となっていない場合はエラーとする。 ※なお、文字や線などが制限時間内に入力できないことにより、余白が30mmを超えた場合はエラーとしない。	全体で5点
	フォントの種類・サイズ	審査箇所で、指示のない文字は、フォントの種類が明朝体の全角で、サイズは14ポイントに統一されていること。	
	空白行・1行の文字数	問題文にない空白行がある場合はエラーとする。１行の文字数は30字で設定されていること。	
	文書の印刷	逆さ印刷、裏面印刷、審査欄にかかった印刷、複数ページにまたがった印刷、破れ印刷など、明らかに本人による印刷ミスは、エラーとする。	

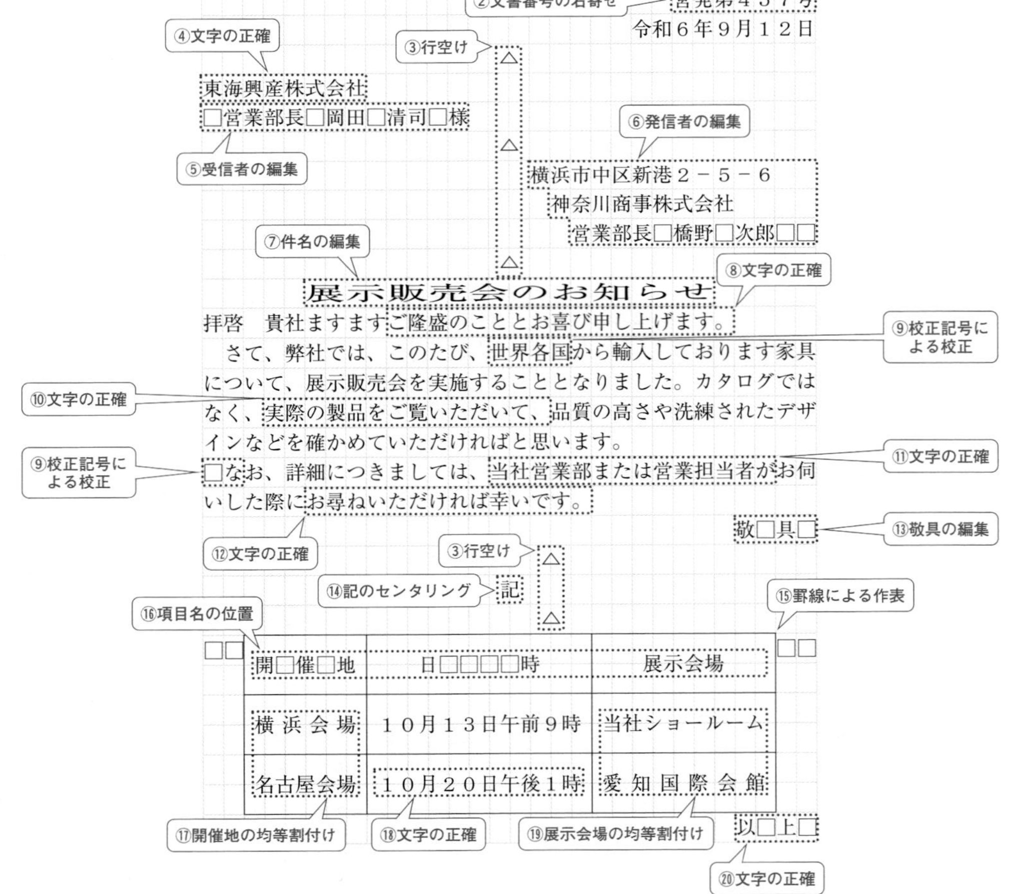

営発第４５７号
令和６年９月１２日

東海興産株式会社
□営業部長□岡田□清司□様

横浜市中区新港２－５－６
神奈川商事株式会社
営業部長□橋野□次郎□□

展示販売会のお知らせ

拝啓　貴社ますますご隆盛のこととお喜び申し上げます。
さて、弊社では、このたび、世界各国から輸入しております家具について、展示販売会を実施することとなりました。カタログではなく、実際の製品をご覧いただいて、品質の高さや洗練されたデザインなどを確かめていただければと思います。
□なお、詳細につきましては、当社営業部または営業担当者がお伺いした際にお尋ねいただければ幸いです。

敬□具□

記

開□催□地	日□□□□時	展示会場
横　浜　会　場	１０月１３日午前９時	当社ショールーム
名古屋会場	１０月２０日午後１時	愛　知　国　際　会　館

以□上□

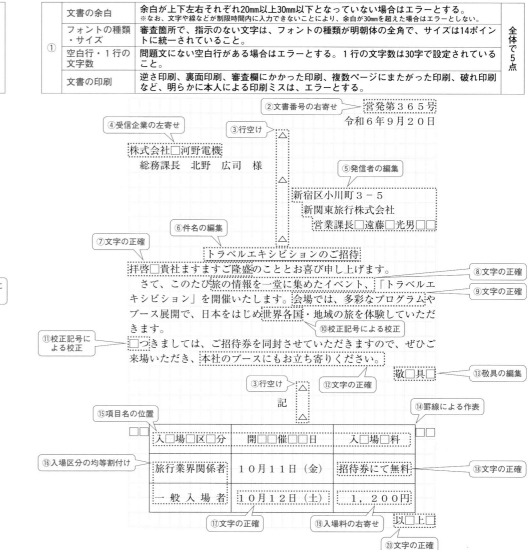

13回　①〜⑳各５点、70点以上で合格

※審査箇所以外は、文字の正確エラーや編集エラーがあってもエラーにはならない。※審査箇所に未入力文字・誤字・脱字・余分字などのエラーが一つでもあれば、当該項目は不正解とする。

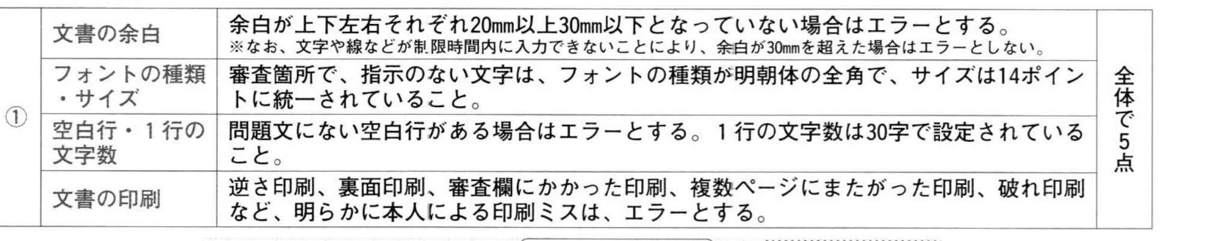

①	項目	内容	全体で５点
	文書の余白	余白が上下左右それぞれ20mm以上30mm以下となっていない場合はエラーとする。※なお、文字や線などが制限時間内に入力できないことにより、余白が30mmを超えた場合はエラーとしない。	
	フォントの種類・サイズ	審査箇所で、指示のない文字は、フォントの種類が明朝体の全角で、サイズは14ポイントに統一されていること。	
	空白行・１行の文字数	問題文にない空白行がある場合はエラーとする。１行の文字数は30字で設定されていること。	
	文書の印刷	逆さ印刷、裏面印刷、審査欄にかかった印刷、複数ページにまたがった印刷、破れ印刷など、明らかに本人による印刷ミスは、エラーとする。	

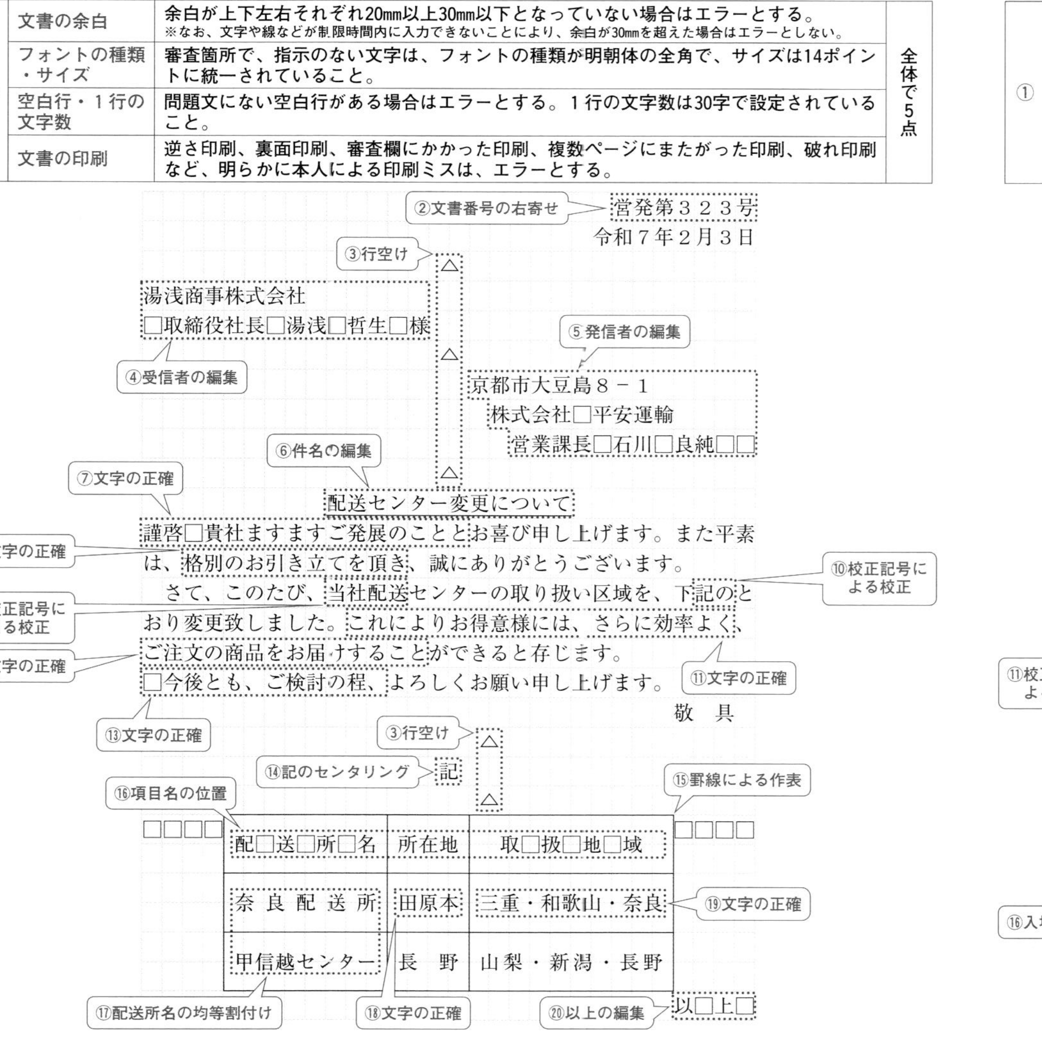

②文書番号の右寄せ　営発第３２３号
令和７年２月３日
③行空け
湯浅商事株式会社
□取締役社長□湯浅□哲生□様
④受信者の編集
⑤発信者の編集
京都市大豆島８－１
株式会社□平安運輸
営業課長□石川□良純□□
⑥件名の編集
⑦文字の正確
配送センター変更について
謹啓□貴社ますますご発展のこととお喜び申し上げます。また平素は、格別のお引き立てを頂き、誠にありがとうございます。
　さて、このたび、当社配送センターの取り扱い区域を、下記のとおり変更致しました。これによりお得意様には、さらに効率よく、ご注文の商品をお届けすることができると存じます。
□今後とも、ご検討の程、よろしくお願い申し上げます。
敬　具
⑧文字の正確　⑨校正記号による校正　⑩校正記号による校正　⑪文字の正確　⑫文字の正確　⑬文字の正確
③行空け
⑭記のセンタリング　記
⑮罫線による作表　⑯項目名の位置

□□□□

配□送□所□名	所在地	取□扱□地□域
奈　良　配　送　所	田原本	三重・和歌山・奈良
甲信越センター	長　野	山梨・新潟・長野

□□□□
以□上□
⑰配送所名の均等割付け　⑱文字の正確　⑲文字の正確　⑳以上の編集

14回　①〜⑳各５点、70点以上で合格

※審査箇所以外は、文字の正確エラーや編集エラーがあってもエラーにはならない。※審査箇所に未入力文字・誤字・脱字・余分字などのエラーが一つでもあれば、当該項目は不正解とする。

①	項目	内容	全体で５点
	文書の余白	余白が上下左右それぞれ20mm以上30mm以下となっていない場合はエラーとする。※なお、文字や線などが制限時間内に入力できないことにより、余白が30mmを超えた場合はエラーとしない。	
	フォントの種類・サイズ	審査箇所で、指示のない文字は、フォントの種類が明朝体の全角で、サイズは14ポイントに統一されていること。	
	空白行・１行の文字数	問題文にない空白行がある場合はエラーとする。１行の文字数は30字で設定されていること。	
	文書の印刷	逆さ印刷、裏面印刷、審査欄にかかった印刷、複数ページにまたがった印刷、破れ印刷など、明らかに本人による印刷ミスは、エラーとする。	

②文書番号の右寄せ　営発第３６５号
令和６年９月２０日
③行空け
④受信企業の左寄せ
株式会社□河野電機
総務課長　北野　広司　様
⑤発信者の編集
新宿区小川町３－５
新関東旅行株式会社
営業課長□遠藤□光男□□
⑥件名の編集
⑦文字の正確
トラベルエキシビションのご招待
拝啓□貴社ますますご隆盛のこととお喜び申し上げます。
　さて、このたび旅の情報を一堂に集めたイベント、「トラベルエキシビション」を開催いたします。会場では、多彩なプログラムやブース展開で、日本をはじめ世界各国・地域の旅を体験していただきます。
□つきましては、ご招待券を同封させていただきますので、ぜひご来場いただき、本社のブースにもお立ち寄りください。
敬□具□
⑧文字の正確　⑨文字の正確　⑩校正記号による校正　⑪校正記号による校正　⑫文字の正確　⑬敬具の編集
③行空け
記
⑭罫線による作表　⑮項目名の位置

□□

入□場□区□分	開□□催□□日	入□場□料
旅行業界関係者	１０月１１日（金）	招待券にて無料
一　般　入　場　者	１０月１２日（土）	１，２００円

□□
以□上□
⑯入場区分の均等割付け　⑰文字の正確　⑱文字の正確　⑲入場料の右寄せ　⑳文字の正確

15回　①〜⑳各５点、70点以上で合格

※審査箇所以外は、文字の正確エラーや編集エラーがあってもエラーにはならない。※審査箇所に未入力文字・誤字・脱字・余分字などのエラーが一つでもあれば、当該項目は不正解とする。

①	文書の余白	余白が上下左右それぞれ20mm以上30mm以下となっていない場合はエラーとする。 ※なお、文字や線などが制限時間内に入力できないことにより、余白が30mmを超えた場合はエラーとしない。	全体で５点
	フォントの種類・サイズ	審査箇所で、指示のない文字は、フォントの種類が明朝体の全角で、サイズは14ポイントに統一されていること。	
	空白行・１行の文字数	問題文にない空白行がある場合はエラーとする。１行の文字数は30字で設定されていること。	
	文書の印刷	逆さ印刷、裏面印刷、審査欄にかかった印刷、複数ページにまたがった印刷、破れ印刷など、明らかに本人による印刷ミスは、エラーとする。	

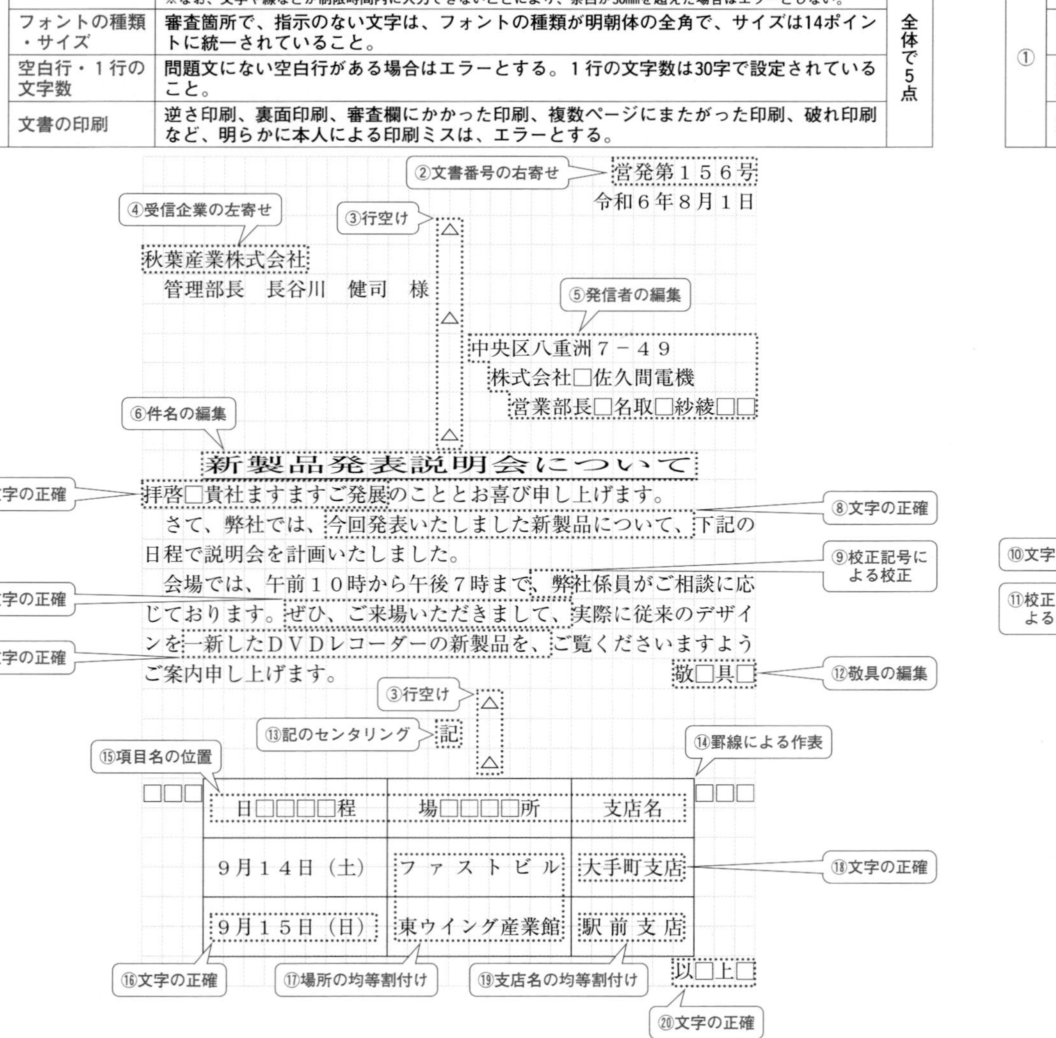

営発第１５６号
令和６年８月１日

秋葉産業株式会社
管理部長　長谷川　健司　様

中央区八重洲７－４９
株式会社□佐久間電機
営業部長□名取□紗綾□□

新製品発表説明会について

拝啓□貴社ますますご発展のこととお喜び申し上げます。
さて、弊社では、今回発表いたしました新製品について、下記の日程で説明会を計画いたしました。
会場では、午前１０時から午後７時まで、弊社係員がご相談に応じております。ぜひ、ご来場いただきまして、実際に従来のデザインを一新したＤＶＤレコーダーの新製品を、ご覧くださいますようご案内申し上げます。
敬□具□

記

日□□□□程	場□□□□所	支店名
９月１４日（土）	ファストビル	大手町支店
９月１５日（日）	東ウイング産業館	駅前支店

以□上□

16回　①〜⑳各５点、70点以上で合格

※審査箇所以外は、文字の正確エラーや編集エラーがあってもエラーにはならない。※審査箇所に未入力文字・誤字・脱字・余分字などのエラーが一つでもあれば、当該項目は不正解とする。

①	文書の余白	余白が上下左右それぞれ20mm以上30mm以下となっていない場合はエラーとする。 ※なお、文字や線などが制限時間内に入力できないことにより、余白が30mmを超えた場合はエラーとしない。	全体で５点
	フォントの種類・サイズ	審査箇所で、指示のない文字は、フォントの種類が明朝体の全角で、サイズは14ポイントに統一されていること。	
	空白行・１行の文字数	問題文にない空白行がある場合はエラーとする。１行の文字数は30字で設定されていること。	
	文書の印刷	逆さ印刷、裏面印刷、審査欄にかかった印刷、複数ページにまたがった印刷、破れ印刷など、明らかに本人による印刷ミスは、エラーとする。	

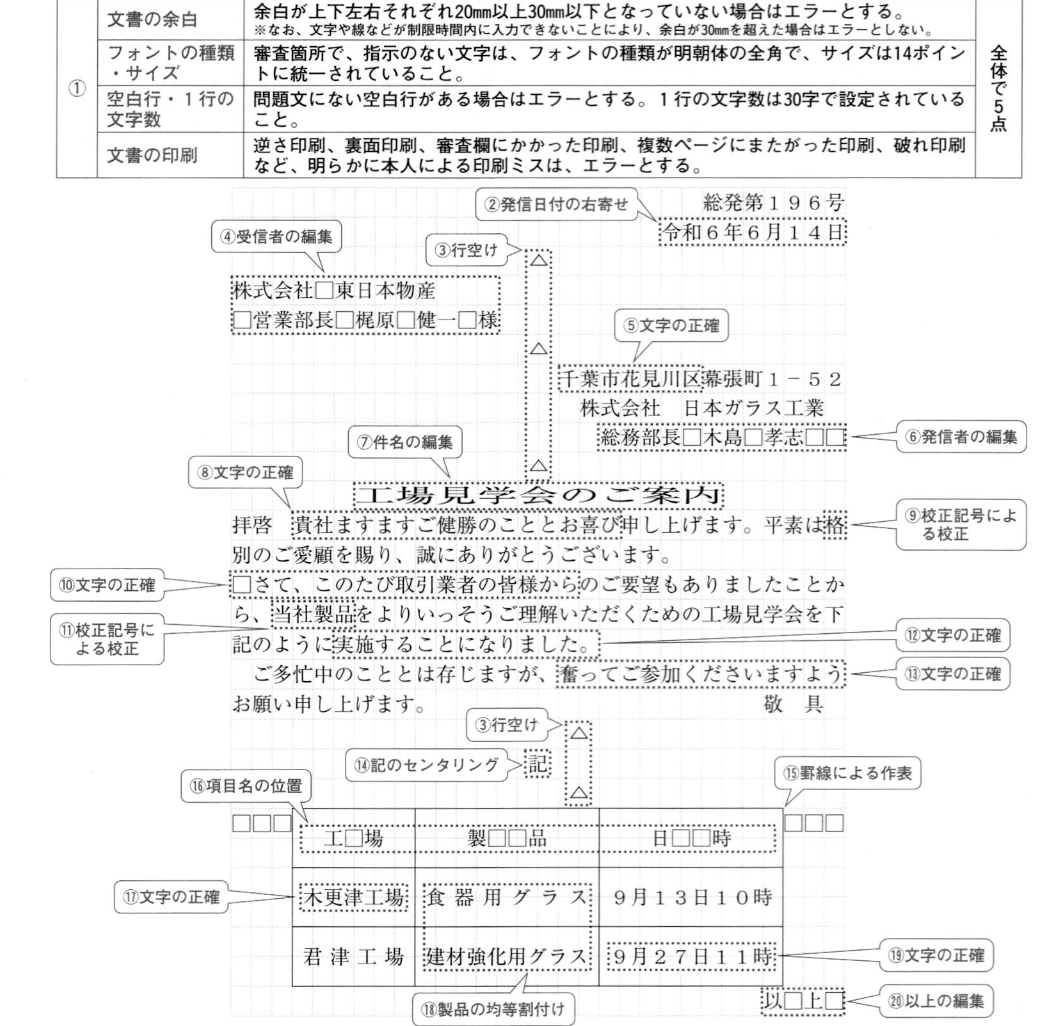

総発第１９６号
令和６年６月１４日

株式会社□東日本物産
□営業部長□梶原□健一□様

千葉市花見川区幕張町１－５２
株式会社　日本ガラス工業
総務部長□木島□孝志□□

工場見学会のご案内

拝啓　貴社ますますご健勝のこととお喜び申し上げます。平素は格別のご愛顧を賜り、誠にありがとうございます。
□さて、このたび取引業者の皆様からのご要望もありましたことから、当社製品をよりいっそうご理解いただくための工場見学会を下記のように実施することになりました。
ご多忙中のこととは存じますが、奮ってご参加くださいますようお願い申し上げます。
敬　具

記

工□場	製□□品	日□□時
木更津工場	食器用グラス	９月１３日１０時
君津工場	建材強化用グラス	９月２７日１１時

以□上□

筆記問題解答

筆記問題1 問題→本誌P. 95

1	① ウ	② オ	③ イ	④ ク	⑤ キ	⑥ エ	⑦ カ	⑧ ア
2	① ウ	② オ	③ キ	④ ク	⑤ ア	⑥ エ	⑦ イ	⑧ カ
3	① ア	② オ	③ エ	④ イ	⑤ ク	⑥ カ	⑦ キ	⑧ ウ
4	① キ	② ア	③ ウ	④ ク	⑤ カ	⑥ イ	⑦ オ	⑧ エ

筆記問題2 問題→本誌P. 97

1	① ク	② ○	③ カ	④ ア	⑤ キ	⑥ エ	⑦ ○	⑧ オ
2	① エ	② ア	③ オ	④ ○	⑤ カ	⑥ ク	⑦ ○	⑧ キ
3	① ○	② エ	③ キ	④ ウ	⑤ カ	⑥ ア	⑦ イ	⑧ ○
4	① エ	② ウ	③ ○	④ ア	⑤ オ	⑥ ○	⑦ イ	⑧ カ

筆記問題3 問題→本誌P. 105

1	① ウ	② イ	③ ア	④ ア	⑤ ウ	⑥ イ	⑦ ア	⑧ ア
2	① イ	② ア	③ イ	④ ウ	⑤ イ	⑥ ウ	⑦ ア	⑧ イ

筆記問題4 問題→本誌P. 106

1	① イ	② ウ	③ ア	④ ウ	⑤ ア	⑥ イ
2	① ウ	② ア	③ ウ	④ イ	⑤ イ	⑥ ウ
3	① ア	② イ	③ ウ	④ ア	⑤ イ	⑥ イ

筆記問題5 問題→本誌P. 114

	①	②	③	④	⑤	⑥	⑦	⑧	⑨	⑩
1	サ	エ	ウ	ケ	ア	カ	シ	オ	イ	コ
2	イ	オ	コ	ウ	ア	サ	カ	エ	ケ	キ
3	カ	ケ	ウ	イ	シ	ア	オ	サ	キ	ク
4	シ	オ	カ	コ	ア	ウ	サ	ク	イ	ケ

筆記問題6 問題→本誌P. 116

	①	②	③	④	⑤	⑥	⑦	⑧	⑨	⑩	⑪	⑫
1	ア	イ	ア	ア	イ	ア	イ	ア	イ	イ	ア	イ
2	イ	イ	ア	イ	ア	イ	ア	ア	ア	ア	ア	イ

筆記問題7 問題→本誌P.117

1	① えがお	② しない	③ ふぶき	④ とあみ	⑤ はつか	⑥ かぜ
	⑦ しにせ	⑧ みやげ	⑨ おば	⑩ よせ	⑪ いおう	⑫ だし
2	① しばふ	② かや	③ しゃみせん	④ でこぼこ	⑤ あずき	⑥ ふたり
	⑦ まいご	⑧ ゆかた	⑨ いなか	⑩ いぶき	⑪ すきや	⑫ のりと
3	① さつき	② めがね	③ じゃり	④ すもう	⑤ じょうず	⑥ くろうと
	⑦ おまわりさん	⑧ のら	⑨ ざこ	⑩ てつだった	⑪ びより	⑫ もさ
4	① まっさお	② たなばた	③ やおちょう	④ ちご	⑤ おとめ	⑥ はかせ
	⑦ けしき	⑧ もより	⑨ かたず	⑩ さじき	⑪ うわついて	⑫ どきょう

筆記問題8 問題→本誌P.119

	①	②	③	④	⑤	⑥	⑦	⑧	⑨	⑩	⑪	⑫
A	イ	ア	ア	ア	ア	ア	イ	イ	イ	ア	イ	ア
B	イ	イ	イ	イ	ア	イ	イ	イ	ア	ア	イ	イ

筆記まとめ問題① 問題→本誌P.120

1	① キ	② オ	③ ウ	④ エ	⑤ イ	⑥ カ	⑦ ア	⑧ ク
2	① ○	② ○	③ キ	④ イ	⑤ エ	⑥ ウ	⑦ オ	⑧ ク
3	① イ	② ウ	③ ア	④ ウ	⑤ ア	⑥ ア	⑦ イ	⑧ ウ
4	① ウ	② ア	③ ア	④ イ	⑤ ウ	⑥ イ		
5	① エ	② ク	③ サ	④ ウ	⑤ コ			
	⑥ カ	⑦ キ	⑧ ケ	⑨ ア	⑩ オ			
6	① ア	② ア	③ イ					
7	① わこうど	② あずき	③ もめん					
8	① ア	② ア	③ イ	④ イ				

筆記まとめ問題② 問題→本誌P.123

1	① イ	② カ	③ オ	④ ア	⑤ ウ	⑥ ク	⑦ エ	⑧ キ
2	① キ	② ○	③ ウ	④ イ	⑤ カ	⑥ ア	⑦ ク	⑧ エ
3	① イ	② ア	③ イ	④ ウ	⑤ ウ	⑥ ア	⑦ イ	⑧ ウ
4	① ア	② イ	③ ウ	④ ウ	⑤ イ	⑥ ア		
5	① ウ	② カ	③ ケ	④ イ	⑤ ア			
	⑥ サ	⑦ ク	⑧ オ	⑨ コ	⑩ エ			
6	① イ	② イ	③ ア					
7	① いぶき	② なごり	③ しぐれ					
8	① ア	② イ	③ イ	④ ア				

模擬問題解答

模擬問題　実技１回

①～⑳各５点、70点以上で合格

※審査箇所以外は、文字の正確エラーや編集エラーがあってもエラーにはならない。※審査箇所に未入力文字・誤字・脱字・余分字などのエラーが一つでもあれば、当該項目は不正解とする。

	項目	内容	
①	文書の余白	余白が上下左右それぞれ20mm以上30mm以下となっていない場合はエラーとする。 ※なお、文字や線などが制限時間内に入力できないことにより、余白が30mmを超えた場合はエラーとしない。	全体で５点
	フォントの種類・サイズ	審査箇所で、指示のない文字は、フォントの種類が明朝体の全角で、サイズは14ポイントに統一されていること。	
	空白行・１行の文字数	問題文にない空白行がある場合はエラーとする。１行の文字数は30字で設定されていること。	
	文書の印刷	逆さ印刷、裏面印刷、審査欄にかかった印刷、複数ページにまたがった印刷、破れ印刷など、明らかに本人による印刷ミスは、エラーとする。	

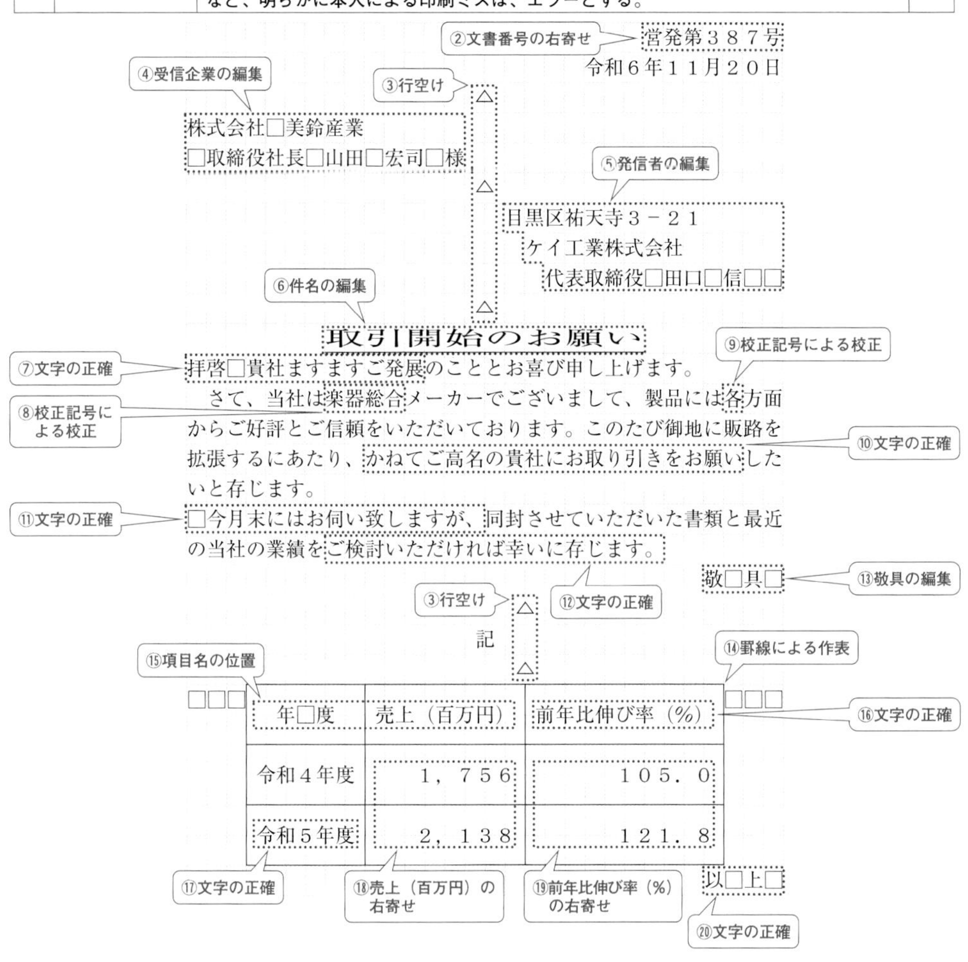
営発第３８７号
令和６年１１月２０日

株式会社□美鈴産業
□取締役社長□山田□宏司□様

目黒区祐天寺３－２１
ケイ工業株式会社
代表取締役□田口□信□□

取引開始のお願い

拝啓□貴社ますますご発展のこととお喜び申し上げます。
　さて、当社は楽器総合メーカーでございまして、製品には各方面からご好評とご信頼をいただいております。このたび御地に販路を拡張するにあたり、かねてご高名の貴社にお取り引きをお願いしたいと存じます。
□今月末にはお伺い致しますが、同封させていただいた書類と最近の当社の業績をご検討いただければ幸いに存じます。
敬□具□

記

年□度	売上（百万円）	前年比伸び率（％）
令和４年度	１，７５６	１０５．０
令和５年度	２，１３８	１２１．８

以□上□

問題→本誌Ｐ．127

模擬問題　筆記１回

問題→本誌P.128

1	①　オ	②　キ	③　イ	④　ア	⑤　ク	⑥　カ	⑦　ウ	⑧　エ
2	①　オ	②　ア	③　ク	④　カ	⑤　○	⑥　エ	⑦　イ	⑧　○
3	①　ウ	②　イ	③　イ	④　ア	⑤　ウ	⑥　ア	⑦　ア	⑧　ウ
4	①　ア	②　ウ	③　ア	④　イ	⑤　ア	⑥　イ		
5	①　シ	②　イ	③　ア	④　サ	⑤　エ			
	⑥　ク	⑦　コ	⑧　オ	⑨　ウ	⑩　ケ			
6	①　イ	②　イ	③　イ					
7	①　つゆ		②　まじめ		③　おもや			
8	①　イ	②　ア	③　ア	④　イ				

■ 模擬問題　実技２回 ■　①〜⑳各５点、70点以上で合格

※審査箇所以外は、文字の正確エラーや編集エラーがあってもエラーにはならない。※審査箇所に未入力文字・誤字・脱字・余分字などのエラーが一つでもあれば、当該項目は不正解とする。

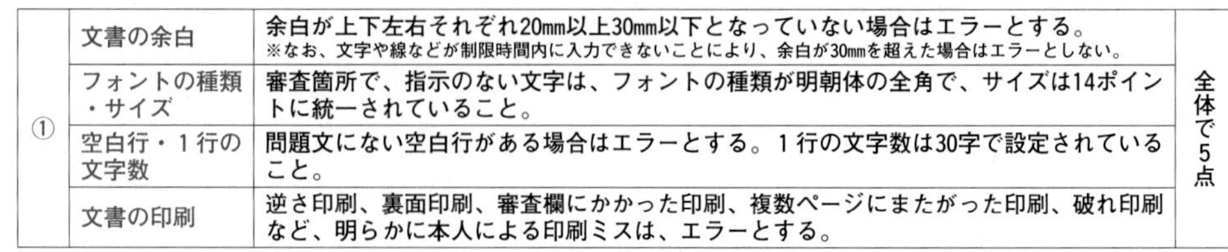

	項目	内容	
①	文書の余白	余白が上下左右それぞれ20㎜以上30㎜以下となっていない場合はエラーとする。 ※なお、文字や線などが制限時間内に入力できないことにより、余白が30㎜を超えた場合はエラーとしない。	全体で5点
	フォントの種類・サイズ	審査箇所で、指示のない文字は、フォントの種類が明朝体の全角で、サイズは14ポイントに統一されていること。	
	空白行・１行の文字数	問題文にない空白行がある場合はエラーとする。１行の文字数は30字で設定されていること。	
	文書の印刷	逆さ印刷、裏面印刷、審査欄にかかった印刷、複数ページにまたがった印刷、破れ印刷など、明らかに本人による印刷ミスは、エラーとする。	

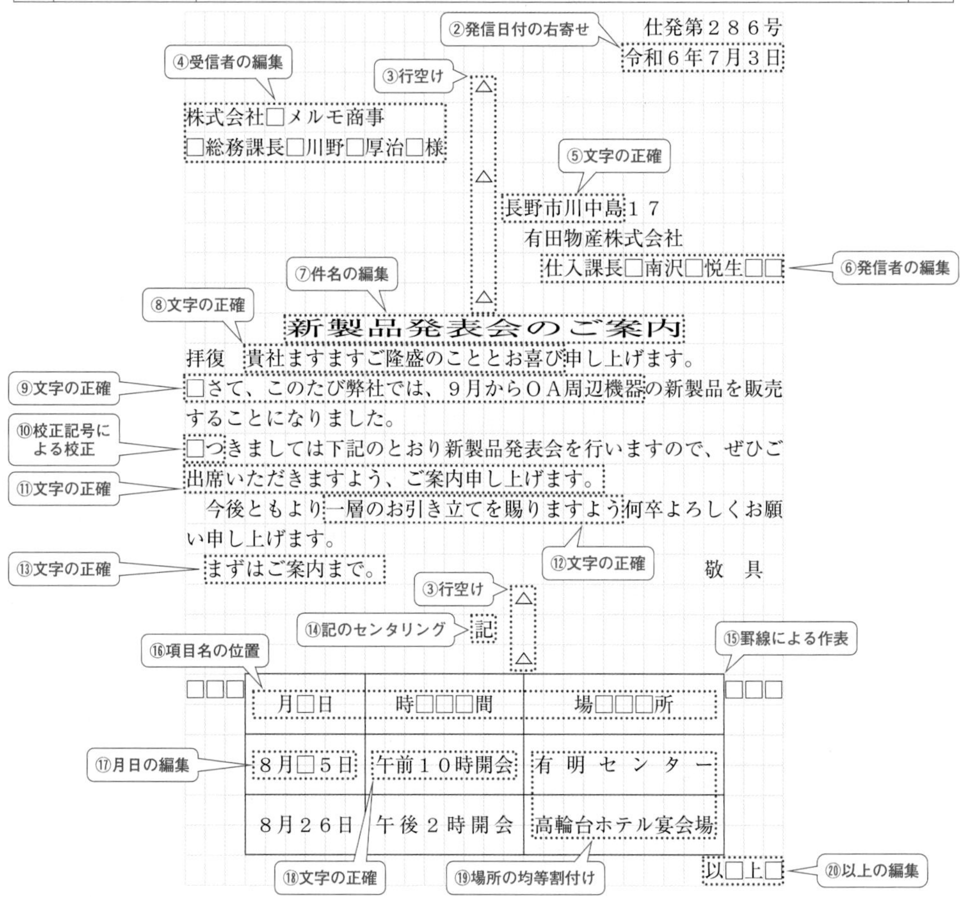

仕発第２８６号
令和６年７月３日

株式会社□メルモ商事
□総務課長□川野□厚治□様

長野市川中島１７
有田物産株式会社
仕入課長□南沢□悦生□□

新製品発表会のご案内

拝復　貴社ますますご隆盛のこととお喜び申し上げます。
□さて、このたび弊社では、９月からＯＡ周辺機器の新製品を販売することになりました。
□つきましては下記のとおり新製品発表会を行いますので、ぜひご出席いただきますよう、ご案内申し上げます。
　今後ともより一層のお引き立てを賜りますよう何卒よろしくお願い申し上げます。
まずはご案内まで。　敬　具

記

月□日	時□□□間	場□□□所
８月□５日	午前１０時開会	有　明　セ　ン　タ　ー
８月２６日	午後２時開会	高輪台ホテル宴会場

以□上□

問題→本誌Ｐ.132

■ 模擬問題　筆記２回 ■　問題→本誌P.133

1	①　ク	②　イ	③　ア	④　ウ	⑤　キ	⑥　オ	⑦　エ	⑧　カ
2	①　オ	②　○	③　カ	④　ク	⑤　イ	⑥　○	⑦　ア	⑧　エ
3	①　イ	②　イ	③　ア	④　イ	⑤　ウ	⑥　イ	⑦　イ	⑧　ア
4	①　イ	②　ウ	③　ア	④　ウ	⑤　ウ	⑥　ア		
5	①　ウ	②　キ	③　ケ	④　ク	⑤　エ			
	⑥　シ	⑦　イ	⑧　オ	⑨　コ	⑩　カ			
6	①　イ	②　ア	③　ア					
7	①　くだもの		②　やおや		③　へた			
8	①　ア	②　イ	③　イ	④　ア				

模擬問題　実技３回

①～⑳各５点、70点以上で合格

※審査箇所以外は、文字の正確エラーや編集エラーがあってもエラーにはならない。※審査箇所に未入力文字・誤字・脱字・余分字などのエラーが一つでもあれば、当該項目は不正解とする。

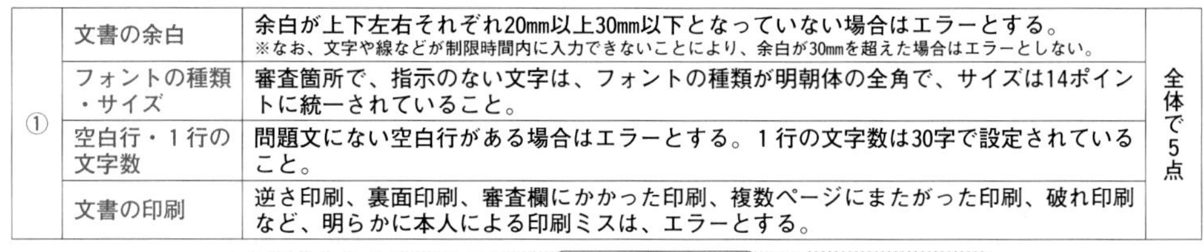

①	文書の余白	余白が上下左右それぞれ20mm以上30mm以下となっていない場合はエラーとする。 ※なお、文字や線などが制限時間内に入力できないことにより、余白が30mmを超えた場合はエラーとしない。	全体で５点
	フォントの種類・サイズ	審査箇所で、指示のない文字は、フォントの種類が明朝体の全角で、サイズは14ポイントに統一されていること。	
	空白行・１行の文字数	問題文にない空白行がある場合はエラーとする。１行の文字数は30字で設定されていること。	
	文書の印刷	逆さ印刷、裏面印刷、審査欄にかかった印刷、複数ページにまたがった印刷、破れ印刷など、明らかに本人による印刷ミスは、エラーとする。	

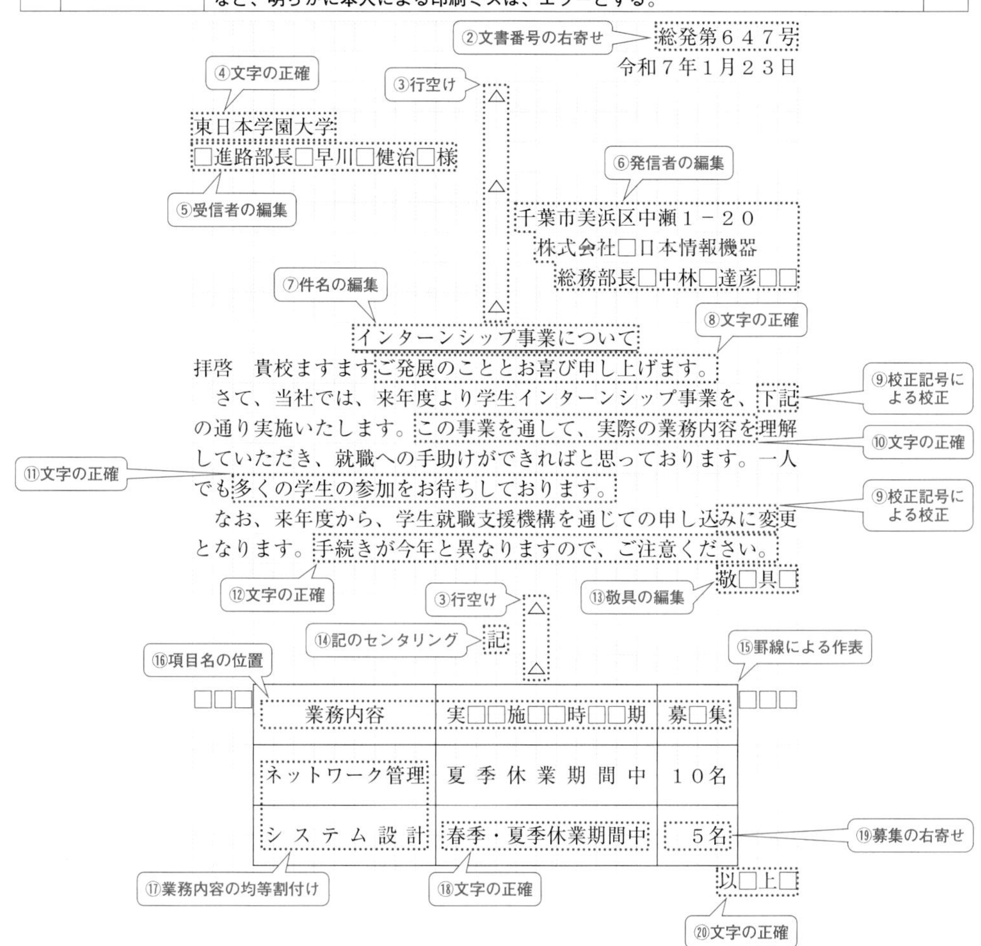

総発第６４７号
令和７年１月２３日

東日本学園大学
□進路部長□早川□健治□様

千葉市美浜区中瀬１－２０
株式会社□日本情報機器
総務部長□中林□達彦□□

インターンシップ事業について

拝啓　貴校ますますご発展のこととお喜び申し上げます。
　さて、当社では、来年度より学生インターンシップ事業を、下記の通り実施いたします。この事業を通して、実際の業務内容を理解していただき、就職への手助けができればと思っております。一人でも多くの学生の参加をお待ちしております。
　なお、来年度から、学生就職支援機構を通じての申し込みに変更となります。手続きが今年と異なりますので、ご注意ください。

敬□具□

記

業務内容	実□□施□□時□□期	募□集
ネットワーク管理	夏季休業期間中	１０名
システム設計	春季・夏季休業期間中	５名

以□上□

問題→本誌Ｐ.137

模擬問題　筆記３回

問題→本誌P.138

1	①　オ	②　ア	③　エ	④　ク	⑤　イ	⑥　キ	⑦　ウ	⑧　カ
2	①　ウ	②　オ	③　○	④　ク	⑤　キ	⑥　ア	⑦　○	⑧　イ
3	①　ア	②　イ	③　イ	④　ウ	⑤　ア	⑥　ア	⑦　ウ	⑧　ウ
4	①　ウ	②　イ	③　ア	④　ア	⑤　イ	⑥　ウ		
5	①　イ	②　サ	③　カ	④　キ	⑤　コ			
	⑥　オ	⑦　ア	⑧　ケ	⑨　エ	⑩　ウ			
6	①　イ	②　イ	③　ア					
7	①　なだれ	②　しろうと	③　かぐら					
8	①　ア	②　イ	③　イ	④　イ				

学習記録表 ＿＿級

年　組　番

＜速度問題＞

日付	問題番号	総字数	エラー数	純字数	備考	確認欄
／						
／						
／						
／						
／						
／						
／						

日付	問題番号	総字数	エラー数	純字数	備考	確認欄
／						
／						
／						
／						
／						
／						
／						

＜実技問題＞

日付	問題番号	得点	間違えた箇所	確認欄
／				
／				
／				
／				
／				
／				
／				

日付	問題番号	得点	間違えた箇所	確認欄
／				
／				
／				
／				
／				
／				
／				

＜筆記問題＞

日付	問題番号	間違えた用語・漢字	確認欄
／			
／			
／			
／			
／			
／			
／			

日付	問題番号	間違えた用語・漢字	確認欄
／			
／			
／			
／			
／			
／			
／			

学習記録表 ＿＿級

年　組　番＿＿＿＿＿＿＿＿

＜速度問題＞

日付	問題番号	総字数	エラー数	純字数	備考	確認欄
／						
／						
／						
／						
／						
／						
／						

日付	問題番号	総字数	エラー数	純字数	備考	確認欄
／						
／						
／						
／						
／						
／						
／						

＜実技問題＞

日付	問題番号	得点	間違えた箇所	確認欄
／				
／				
／				
／				
／				
／				
／				

日付	問題番号	得点	間違えた箇所	確認欄
／				
／				
／				
／				
／				
／				
／				

＜筆記問題＞

日付	問題番号	間違えた用語・漢字	確認欄
／			
／			
／			
／			
／			
／			
／			

日付	問題番号	間違えた用語・漢字	確認欄
／			
／			
／			
／			
／			
／			
／			

便利なショートカットキー（Windows）

キー	機能
Ctrl + C	コピー
Ctrl + X	切り取り
Ctrl + V	貼り付け
Ctrl + Z	元に戻す
Ctrl + Y	「元に戻す」の取り消し
Ctrl + P	印刷
Ctrl + S	上書き保存
Ctrl + A	すべて選択
Ctrl + B	文字列を太字にする
Ctrl + I	文字列を斜体にする
Ctrl + U	文字列に下線を引く
Ctrl + F	検索
Ctrl + O	ファイルを開く
Ctrl + N	新規作成
Ctrl + Shift + N	フォルダの新規作成
Ctrl + D	ごみ箱に移動
Alt + ←	前のページに戻る
Alt + →	次のページに進む
Alt + Tab	ウィンドウの切り替え
Alt + F4	使用中の項目を閉じる/ 作業中のプログラムを終了
Ctrl + Alt + Del	強制終了

キー	機能
F1	ヘルプを開く
F2	ファイルやフォルダの名前を変更
F3	ファイルやフォルダの検索
F4	アドレスバーを表示/ 操作を繰り返す
F5	作業中のウィンドウを 最新の情報に更新
F6	ひらがなに変換
F7	全角カタカナに変換
F8	半角カタカナに変換
F9	全角英数に変換
F10	半角英数に変換
F11	ウィンドウを全画面で表示
F12	名前を付けて保存 （WordやExcel）

年　　組　　番

別冊②

3級別冊②　掲載内容

公益財団法人　全国商業高等学校協会主催・文部科学省後援

第69回　ビジネス文書実務検定試験　(4. 11. 27)

第3級

速 度 部 門　問 題

（制限時間10分）

試験委員の指示があるまで、下の事項を読みなさい。

〔 書 式 設 定 〕

a. １行の文字数を３０字に設定すること。
b. フォントの種類は明朝体とすること。
c. プロポーショナルフォントは使用しないこと。

〔 注 意 事 項 〕

1. ヘッダーに左寄せで受験級、試験場校名、受験番号を入力すること。
2. 問題のとおり、すべて全角文字で入力すること。
3. 長音は必ず長音記号を用いること。
4. 入力したものの訂正や、適語の選択などの操作は、制限時間内に行うこと。
5. 問題は、文の区切りに句読点を用いているが、句点に代えてピリオドを、読点に代えてコンマを使用することができる。ただし、句点とピリオド、あるいは、読点とコンマを混用することはできない。混用した場合はエラーとする。
6. 時間が余っても、問題文を繰り返し入力しないこと。

公益財団法人　全国商業高等学校協会主催・文部科学省後援

第69回　ビジネス文書実務検定試験　(4.11.27)

第３級　速度部門問題　(制限時間10分)

　希望者を対象に、週休３日制を導入する企業が増えている。人口　30
の減少で働き手が減るなか、働き方の幅が広がれば、多様な人材を　60
確保しやすくなる。この制度は、さまざまな運用方法により取り入　90
れられている。　98
　ある企業では、休日を増やす代わりに１日の労働時間を長くして　128
いる。週当たりの時間は変わらないので、給与水準は維持したまま　158
だ。社員はリフレッシュすることができるため、仕事の意欲や成果　188
が向上したという。　198
　一方、社内外のコミュニケーションが不足したり、１日の業務量　228
が増えたりする問題もある。導入には、新たなルールや体制を整え　258
ることが必要だろう。ワークライフバランスの実現に向けて、新し　288
い形態の働き方が広まっていくことを望みたい。　310

公益財団法人 全国商業高等学校協会主催・文部科学省後援

第69回 ビジネス文書実務検定試験 (4.11.27)

第3級

ビジネス文書部門 筆記問題

(制限時間15分)

試験委員の指示があるまで、下の事項を読みなさい。

〔 注 意 事 項 〕

1. 試験委員の指示があるまで、問題用紙と解答用紙に手を触れてはいけません。
2. 問題は[1]から[8]までで、3ページに渡って印刷されています。
3. 試験委員の指示に従って、解答用紙に「試験場校名」と「受験番号」を記入しなさい。
4. 解答はすべて解答用紙に記入しなさい。
5. 試験は「始め」の合図で開始し、「止め」の合図があったら解答の記入を中止し、ただちに問題用紙を閉じなさい。
6. 問題が不鮮明である場合には、挙手をして試験委員の指示に従いなさい。なお、問題についての質問には一切応じません。
7. 問題用紙・解答用紙の回収は、試験委員の指示に従いなさい。

※「解答用紙」は7ページに、「模範解答」は22ページに掲載しています。

1　次の各文は何について説明したものか。最も適切な用語を解答群の中から選び、記号で答えなさい。

① 画面での表示や印刷する際の文字のデザインのこと。
② マウスを操作することにより、画面上での選択や実行などの入力位置を示すアイコンのこと。
③ 液体のインクを用紙に吹き付けて印刷するタイプのプリンタのこと。
④ 入力した文字列などを行の中央に位置付けること。
⑤ 読み込んだ文書データを同じファイル名と拡張子で保存すること。
⑥ 文書の作成、編集、保存、印刷のためのアプリケーションソフトのこと。
⑦ ウィンドウや画面の上段に表示されている項目をクリックして、より詳細なコマンドがすだれ式に表示されるメニューのこと。
⑧ 定型文書を効率よく作成するために用意された文書のひな形のこと。

【解答群】

ア．フォント　　**イ**．ワープロ（ワードプロセッサ）　　**ウ**．テンプレート
エ．インクジェットプリンタ　　**オ**．センタリング（中央揃え）　　**カ**．上書き保存
キ．プルダウンメニュー　　**ク**．マウスポインタ（マウスカーソル）

2　次の各文の下線部について、正しい場合は○を、誤っている場合は最も適切なものを解答群の中から選び、記号で答えなさい。

① ビジネス文書の国際的な標準サイズのことを**Bサイズ**という。
② **禁則処理**とは、範囲指定した文字列を任意の長さの中に均等な間隔で配置する機能のことである。
③ 不要になったファイルやフォルダを一時的に保管する場所のことを**ドライブ**という。
④ 　は、無線LANを示すマークである。
⑤ **プリンタドライバ**とは、写真などのフルカラー印刷に適した、インクジェットプリンタ専用の印刷用紙のことである。
⑥ 横幅が全角文字の2倍である文字のことを**プロポーショナルフォント**という。
⑦ **デスクトップ**とは、ディスプレイ上で、アプリケーションのウィンドウやアイコンを表示する領域のことである。
⑧ パソコンでデータを扱うときの基本単位となるデータのまとまりのことを**アイコン**という。

【解答群】

ア．カーソル　　**イ**．Aサイズ　　**ウ**．フォト用紙
エ．　　**オ**．ファイル　　**カ**．均等割付け
キ．ごみ箱　　**ク**．横倍角文字

3　次の各文の〔　　〕の中から最も適切なものを選び、記号で答えなさい。

①　〔ア．前付け　イ．後付け　ウ．末文〕とは、本文を補うもので、追伸（追って書き）・同封物指示・担当者名などから構成される。

②　業務の遂行に必要な情報の伝達や意思の疎通、経過の記録などを目的として作成する書類や帳票のことを〔ア．ビジネス文書　イ．社交文書〕という。

③　〔ア．受信簿　イ．発信簿〕とは、外部へ発送する文書の日時・発信者・受信者・種類などを記帳したもののことである。

④　社外の人や取引先などに出す文書のことを〔ア．帳票　イ．社内文書　ウ．社外文書〕という。

⑤　記号〔ア．：　イ．；　ウ．・　〕の読みは、セミコロンである。

⑥　〔ア．ファンクションキー　イ．ショートカットキー　ウ．テンキー〕とは、0から9までのキーを電卓のように配列したキー群のことである。

⑦　「英字キーのシフトのON/OFF」を切り替えるショートカットキーは、〔ア．Shift + CapsLock　イ．Shift + Tab　〕である。

⑧　ポンド通貨の単位記号は、〔ア．＄　イ．€　ウ．£　〕である。

4　次の各問いの答えとして、最も適切なものをそれぞれのア～ウの中から選び、記号で答えなさい。

①　文頭に右寄せして表示する、会社ごとの文書規定などに基づいて付ける番号はどれか。

　ア．件名　　イ．発信日付　　ウ．文書番号

②　頭語に「拝復」を用いた場合の結語はどれか。

　ア．謹啓　　イ．敬具　　ウ．草々

③　個人一人に宛てる際に、氏名に付ける敬称はどれか。

　ア．様　　イ．各位　　ウ．御中

④　ビジネス文書の構成で本文に記載されるものはどれか。

　ア．受信者名　　イ．発信者名　　ウ．別記事項

⑤　下の編集前の文字列から編集後の文字列にするために用いられた文字修飾はどれか。

編集前　　　　　編集後

会社説明会　⟹　会社説明会

　ア．中抜き　　イ．影付き　　ウ．斜体

⑥　下の点線内の正しい校正結果はどれか。

m3

　ア．m_3　　イ．m^3　　ウ．m　3

5　次の表の①〜⑩の中に入る漢字または読みとして、最も適切なものを解答群の中から選び、記号で答えなさい。ただし、音訓の読みが複数ある場合はその一つを記してある。また、活用語の読みは送り仮名を含む終止形になっている。

番号	漢字	音読み	訓読み
例	街	がい	まち
1	握	①	にぎる
2	偉	い	②
3	③	か	うず
4	股	④	また
5	彩	さい	⑤
6	⑥	すい	たれる
7	嘆	⑦	なげく
8	沈	ちん	⑧
9	⑨	とう	こおる
10	避	⑩	さける

【解答群】

ア．あく　　オ．ひ　　ケ．水
イ．いろどる　　カ．へ　　コ．渦
ウ．こ　　キ．しずむ　　サ．垂
エ．たん　　ク．えらい　　シ．凍

6　次の各文の〔　　〕の中から、現代仮名遣いとして最も適切なものを選び、記号で答えなさい。

① 彼の部屋は〔ア．さしずめ　イ．さしづめ〕古本屋の倉庫といったところだ。
② 今回のイベントは〔ア．おおむね　イ．おうむね〕好評だった。
③ 両親にそろいの〔ア．ごはんじゃわん　イ．ごはんぢゃわん〕をプレゼントする。

7　次の各文の下線部の読みを、常用漢字表付表に従い、ひらがなで答えなさい。

① ビルの建て替えのため、オフィスを立ち**退**くことになった。
② 近所の神社でお**神酒**がふるまわれた。
③ 毎月**一日**は近所のスーパーの特売日だ。

8　次の＜Ａ＞・＜Ｂ＞の各問いに答えなさい。

＜Ａ＞次の各文の〔　　〕の中から、ことわざ・慣用句の一部として最も適切なものを選び、記号で答えなさい。

① あまりのことに、二の句〔ア．に　イ．が〕継げない。
② ドラマが後半の山場〔ア．を　イ．で〕迎えて目が離せない。

＜Ｂ＞次の各文のことわざ・慣用句について、下線部の読みとして最も適切なものを〔　　〕の中から選び、記号で答えなさい。

③ 友人が**音頭**を取って、５年ぶりにクラス会が行われた。　〔ア．おんど　イ．ねとう〕
④ ドレスを着たら**馬子**にも衣装と言われた。　〔ア．ばし　イ．まご〕

公益財団法人　全国商業高等学校協会主催・文部科学省後援

第69回　ビジネス文書実務検定試験　(4. 11. 27)

第3級ビジネス文書部門筆記問題・解答用紙

1	①	②	③	④	⑤	⑥	⑦	⑧

2	①	②	③	④	⑤	⑥	⑦	⑧

3	①	②	③	④	⑤	⑥	⑦	⑧

4	①	②	③	④	⑤	⑥

5	①	②	③	④	⑤
	⑥	⑦	⑧	⑨	⑩

6	①	②	③

7	①	②	③
	く	お	

8	①	②	③	④

試験場校名	受験番号

得　点

公益財団法人　全国商業高等学校協会主催・文部科学省後援

第69回　ビジネス文書実務検定試験　(4. 11. 27)

第３級

ビジネス文書部門　実技問題

（制限時間15分）

試験委員の指示があるまで、下の事項を読みなさい。

〔 書 式 設 定 〕

ａ．余白は上下左右それぞれ２５ｍｍとすること。
ｂ．指示のない文字のフォントは、明朝体の全角で入力し、サイズは１４ポイントに統一すること。
　ただし、プロポーショナルフォントは使用しないこと。
ｃ．１行の文字数　　３０字
ｄ．１ページの行数　　２８行
ｅ．複数ページに渡る印刷にならないよう書式設定に注意すること。

〔 注 意 事 項 〕

１．ヘッダーに左寄せで受験級、試験場校名、受験番号を入力すること。
２．Ａ４判縦長用紙１枚に体裁よく作成し、印刷すること。
３．訂正・挿入・削除・適語の選択などの操作は制限時間内に行うこと。
４．問題の指示や校正記号に従い文書を作成すること。ただし、問題の指示や校正記号のないものは問題文のとおり入力すること。

※「模範解答」は23ページに掲載しています。

公益財団法人 全国商業高等学校協会主催・文部科学省後援

第69回　ビジネス文書実務検定試験　（4. 11. 27）

第３級　ビジネス文書部門実技問題　（制限時間15分）

総発第４７８号←右寄せする。
令和４年１０月６日←

株式会社　ＨＴ開発ジャ□パン
　営業部長　西野　たえ様

三条市横町３－９－２
よそいメタルズ株式会社
総務部長　矢島　英俊

講師派遣の依頼について←フォントは横２００％(横倍角)にし、センタリングする。

拝啓　貴社ますますご隆盛のこととお喜び申し上げます。

　さて、弊社では昨年に引き続き、本年も社員研修を１２月１６日に予定しております。社員の知識の習得やスキル向上を図ることを目的に、下記の内容で実施いたします。

　つきましては、同封した資料で詳細をご確認のうえにて（トル）、講師を派遣してくださいますようお願い申し上げます。

敬　具←右寄せし、行末に１文字分スペースを入れる。

記←センタリングする。

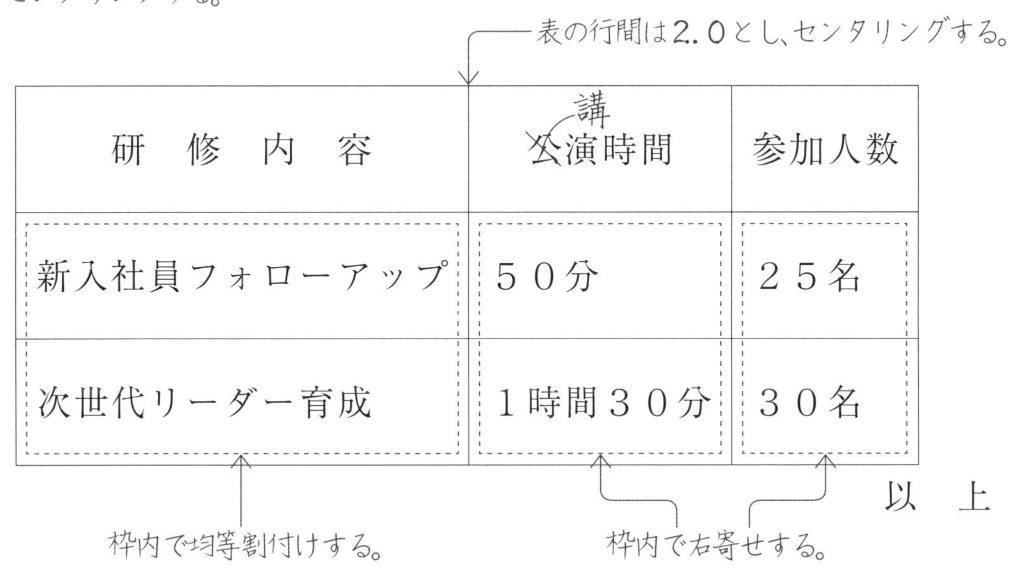
表の行間は２．０とし、センタリングする。

研　修　内　容	公（講）演時間	参加人数
新入社員フォローアップ	５０分	２５名
次世代リーダー育成	１時間３０分	３０名

以　上

枠内で均等割付けする。　枠内で右寄せする。

公益財団法人 全国商業高等学校協会主催・文部科学省後援

第70回　ビジネス文書実務検定試験　(5.7.2)

第３級　速度部門問題　(制限時間10分)

◆ **【書式設定】・【注意事項】** 第69回（１ページ）を参照すること。

　都市部を中心として、コインランドリーが全国的に増えている。 30
布団や毛布など、自宅で洗うことが難しい物のほか、スニーカーや 60
ペット用品を扱える専用機もある。近年では、待ち時間を活用でき 90
る複合型の店舗も登場した。 104

　あるチェーン店では、おしゃれなカフェを併設した。ネット環境 134
も整えており、仕事や読書をしながら快適に過ごすことができる。 164
また、専用アプリを使うと終了時刻がわかるため、気軽に外出する 194
ことも可能だ。 202

　共働き世帯が増え、まとめて洗濯を済ませたいと考える人も多く 232
なった。このような需要に対応しようと、異業種から新規に参入す 262
る企業が相次いでいる。洗濯の便利さに加え、どのような待ち時間 292
の過ごし方が提案されるのか楽しみだ。 310

公益財団法人 全国商業高等学校協会主催・文部科学省後援

第70回　ビジネス文書実務検定試験　(5.7.2)

第３級　ビジネス文書部門筆記問題　(制限時間15分)

◆**【注意事項】**第69回（３ページ）を参照すること。

◆「解答用紙」は14ページに、「模範解答」は22ページに掲載しています。

1　次の各用語に対して、最も適切な説明文を解答群の中から選び、記号で答えなさい。

①　ヘルプ機能	②　カット＆ペースト	③　フォルダ
④　ウィンドウ	⑤　フォントサイズ	⑥　デバイスドライバ
⑦　ポップアップメニュー	⑧　書式設定	

【解答群】

ア．ファイルやプログラムなどのデータを保存しておく場所のこと。

イ．画面での表示や印刷する際の文字の大きさのこと。

ウ．文字やオブジェクトを切り取り、別の場所に挿入する編集作業のこと。

エ．パソコンに周辺装置を接続し利用するために必要なソフトウェアのこと。

オ．用紙サイズ・用紙の方向・１行の文字数・１ページの行数など、作成する文書の体裁（スタイル）を定める作業のこと。

カ．デスクトップ上のアプリケーションソフトの表示領域および作業領域のこと。

キ．作業に必要な解説文を検索・表示する機能のこと。

ク．画面上のどの位置からでも開くことができるメニューのこと。

2　次の各文の下線部について、正しい場合は○を、誤っている場合は最も適切なものを解答群の中から選び、記号で答えなさい。

①　**プロジェクタ**とは、出力装置の一つで、文字や図形などを印刷する装置のことである。

②　記憶媒体をデータの読み書きができる状態にすることを**フォーマット（初期化）**という。

③　**ＩＭＥ**とは、画面に表示される格子状の点や線のことである。

④　入力した文字列などを行の左端でそろえることを**文字装飾**という。

⑤　印刷前に仕上がり状態をディスプレイ上に表示する機能のことを**スクリーン**という。

⑥　**半角文字**とは、日本語を入力するときの標準サイズとなる文字のことである。

⑦　マウスの左ボタンを素早く２度続けてクリックする動作のことを**ダブルクリック**という。

⑧　**□**は、NumLock が有効（テンキーが数字キーの状態）であることを示すランプである。

【解答群】

ア．互換性	**イ**．クリック	**ウ**．左寄せ（左揃え）
エ．全角文字	**オ**．グリッド（グリッド線）	**カ**．プリンタ
キ．印刷プレビュー	**ク**．□1	

3　次の各文の〔　　〕の中から最も適切なものを選び、記号で答えなさい。

① ビジネス文書全体の組み立てのことで、「前付け」「本文」「後付け」からなるものを〔ア．別記事項　イ．社外文書の構成〕という。

② 特定の受取人に対し、差出人の意思を表示し、または事実を通知する文書のことを〔ア．信書　イ．通信文書〕という。

③ 〔ア．速達　イ．書留　ウ．親展〕とは、名宛人自身が開封するよう求めるための指示のことである。

④ 社内の人や部署などに出す文書のことを〔ア．社交文書　イ．社内文書　ウ．帳票〕という。

⑤ 〔ア．€　イ．&　ウ．%　〕の読みは、アンパサンドである。

⑥ 「ひらがなへの変換」を実行するキーは、〔ア．[F10]　イ．[F８]　ウ．[F６]　〕である。

⑦ 表示した画面のデータをクリップボードに保存するキーは、〔ア．[PrtSc]　イ．[Ctrl]　ウ．[Alt]　〕である。

⑧ 封緘（ふうかん）の印として使用する記号は、〔ア．〆　イ．〃　ウ．々　〕である。

4　次の文書についての各問いの答えとして、最も適切なものをそれぞれのア～ウの中から選び、記号で答えなさい。

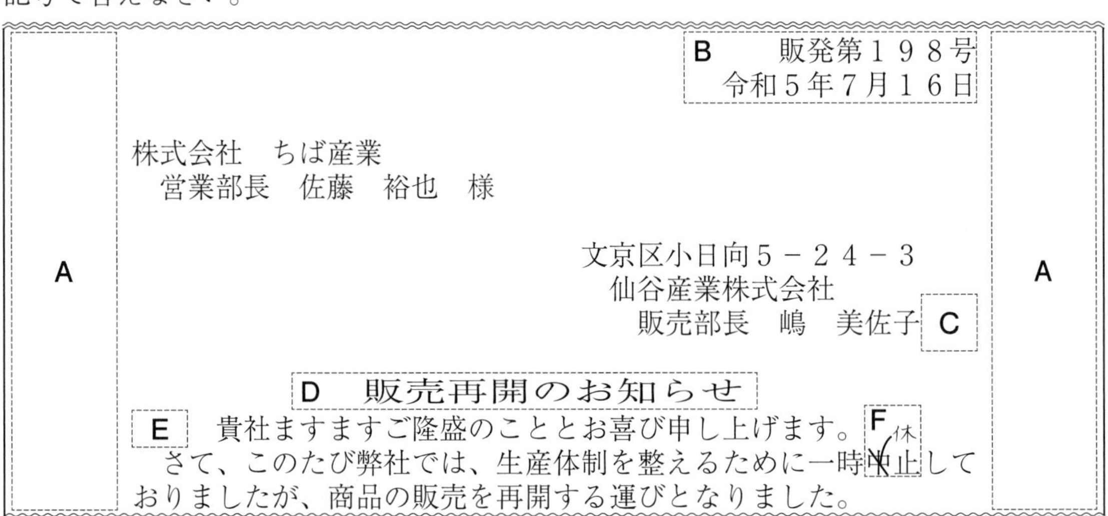
A　B　販発第１９８号
令和５年７月１６日

株式会社　ちば産業
営業部長　佐藤　裕也　様

文京区小日向５－２４－３
仙谷産業株式会社
販売部長　嶋　美佐子 C

D　販売再開のお知らせ

E　貴社ますますご隆盛のこととお喜び申し上げます。F
さて、このたび弊社では、生産体制を整えるために一時中止（休）しておりましたが、商品の販売を再開する運びとなりました。　A

① Aの部分を何というか。
　ア．アイコン　　イ．テンプレート　　ウ．余白（マージン）

② Bに設定されている編集機能はどれか。
　ア．右寄せ（右揃え）　　イ．均等割付け　　ウ．センタリング（中央揃え）

③ Cの位置に印を表示するまたは押すことを何というか。
　ア．個人印　　イ．押印　　ウ．職印

④ Dの名称はどれか。
　ア．結語　　イ．件名　　ウ．前文

⑤ Eに入る頭語はどれか。
　ア．拝啓　　イ．前略　　ウ．敬具

⑥ Fの校正結果はどれか。
　ア．止休　　イ．中休止　　ウ．休止

5　次の表の①～⑩の中に入る漢字または読みとして、最も適切なものを解答群の中から選び、記号で答えなさい。ただし、音訓の読みが複数ある場合はその一つを記してある。また、活用語の読みは送り仮名を含む終止形になっている。

番号	漢字	音読み	訓読み
例	避	ひ	さける
1	砕	①	くだく
2	乾	かん	②
3	③	たい	おこたる
4	嫁	④	よめ
5	鎖	さ	⑤
6	⑥	おう	なぐる
7	帆	⑦	ほ
8	溶	よう	⑧
9	⑨	るい	たぐい
10	漏	⑩	もらす

【解答群】

ア．とける　**オ**．か　**ケ**．応
イ．さい　**カ**．ろう　**コ**．殴
ウ．かわく　**キ**．け　**サ**．怠
エ．はん　**ク**．くさり　**シ**．類

6　次の各文の〔　　〕の中から、現代仮名遣いとして最も適切なものを選び、記号で答えなさい。

① 争いの〔**ア**．うず　**イ**．うづ〕に巻き込まれる。
② 〔**ア**．どおり　**イ**．どうり〕に合わないことは、したくない。
③ 「〔**ア**．こんばんは　**イ**．こんばんわ〕」と声を掛けた。

7　次の各文の下線部の読みを、常用漢字表付表に従い、ひらがなで答えなさい。

① **固唾**を呑（の）んで、後半戦の展開を見守る。
② どうしても隣の**芝生**は青く見える。
③ アスファルトに芽吹く草花に生命の**息吹**を感じる。

8　次の＜Ａ＞・＜Ｂ＞の各問いに答えなさい。

＜Ａ＞次の各文の〔　　〕の中から、ことわざ・慣用句の一部として最も適切なものを選び、記号で答えなさい。

① 母はいつも弟の肩〔**ア**．を　**イ**．が〕持ってばかりいる。
② 堂〔**ア**．で　**イ**．に〕入った所作であることがうかがえる。

＜Ｂ＞次の各文のことわざ・慣用句について、下線部の読みとして最も適切なものを〔　　〕の中から選び、記号で答えなさい。

③ 今年の営業利益の**目算**を立てる。　〔**ア**．めざん　**イ**．もくさん〕
④ あまり**根**を詰め過ぎないようにしてください。　〔**ア**．こん　**イ**．ね〕

公益財団法人　全国商業高等学校協会主催・文部科学省後援

第70回　ビジネス文書実務検定試験　(5.7.2)

第3級ビジネス文書部門筆記問題・解答用紙

1	①	②	③	④	⑤	⑥	⑦	⑧

2	①	②	③	④	⑤	⑥	⑦	⑧

3	①	②	③	④	⑤	⑥	⑦	⑧

4	①	②	③	④	⑤	⑥

5	①	②	③	④	⑤
	⑥	⑦	⑧	⑨	⑩

6	①	②	③

7	①	②	③

8	①	②	③	④

試験場校名	受験番号

得点

公益財団法人　全国商業高等学校協会主催・文部科学省後援

第70回　ビジネス文書実務検定試験　（5.7.2）

第３級　ビジネス文書部門実技問題　（制限時間15分）

◆ **【書式設定】・【注意事項】**第69回（８ページ）を参照すること。
◆「模範解答」は24ページに掲載しています。

研発第３９７号
令和５年７月２４日

株式会社森モデレート
　代表取締役　関　トウマ　様

大田原市城山６－２９
北関東建築協会
研修部長　佐鳥　純二

技術講習会の実施について←一重下線を引き、センタリングする。

拝啓　貴社ますますご発展のこととお喜び申し上げます。

　さて、昨年好評だったドローンの講習会を、今年も夏季（下記）のとおり実施します。ドローンは、測量や管理だけでなく、調査など多くの分野に活用が広がっています。ぜひ、ご参加ください。

　なお、受け付けは先着順です。詳しくは別紙をご確認のうえ、ご不明な点がありましたら、当協会までお問い合わせください。

敬　具←右寄せし、行末に1文字分スペースを入れる。

記←センタリングする。

表の行間は2.0とし、センタリングする。

開催日	会　　　場	可能受講人数
１０月５日	ゆい陸上競技場	２０名
１１月６日	ＨＹ産業技術専門学校	８名

以　上

枠内で均等割付けする。　枠内で右寄せする。

公益財団法人 全国商業高等学校協会主催・文部科学省後援

第71回　ビジネス文書実務検定試験　(5.11.26)

第3級　速度部門問題　(制限時間10分)

◆ **【書式設定】・【注意事項】** 第69回（１ページ）を参照すること。

　あるコンビニエンスストアは、弁当の容器を切り替えている。こ 30
れは、環境に配慮することを目的としており、白や半透明のものに 60
なった。この取り組みには、同じ業種の他社からも大きな関心が寄 90
せられている。 98
　新しい容器では、着色剤や石油を由来とするインクを減らしてい 128
る。製造において排出する二酸化炭素を削減でき、リサイクルもし 158
やすい。試験的に導入した際は、弁当の購入動向に大きな影響がな 188
く、全国展開していくこととなった。 206
　企業は、持続可能な社会の実現に向けた行動が求められている。 236
容器の変更はその一つであり、このほかにも環境にやさしい素材が 266
使用され始めている。こうした取り組みを理解して、環境に配慮さ 296
れたものを選択していきたい。 310

公益財団法人 全国商業高等学校協会主催・文部科学省後援

第71回　ビジネス文書実務検定試験　（5.11.26）

第３級　ビジネス文書部門筆記問題　（制限時間15分）

◆**【注意事項】**第69回（３ページ）を参照すること。

◆「解答用紙」は20ページに、「模範解答」は22ページに掲載しています。

1　次の各文は何について説明したものか。最も適切な用語を解答群の中から選び、記号で答えなさい。

① プロジェクタの提示画面を投影する幕のこと。

② キーボードを見ないで、すべての指を使いタイピングする技術のこと。

③ ハードディスク、ＣＤ／ＤＶＤなどに、データを読み書きする装置のこと。

④ 行頭や行末にあってはならない句読点や記号などを、行末や行頭に強制的に移動する処理のこと。

⑤ 画面上で、日本語入力の状態を表示する枠のこと。

⑥ 日本語入力システムによるかな漢字変換で、漢字に１文字ずつ変換すること。

⑦ ディスプレイ上で、アプリケーションのウィンドウやアイコンを表示する領域のこと。

⑧ インク溶液の発色や吸着に優れた印刷用紙のこと。

【解答群】

ア． 単漢字変換　**イ．** スクリーン　**ウ．** 禁則処理
エ． ドライブ　**オ．** インクジェット用紙　**カ．** デスクトップ
キ． 言語バー　**ク．** タッチタイピング

2　次の各文の下線部について、正しい場合は○を、誤っている場合は最も適切なものを解答群の中から選び、記号で答えなさい。

① 文字ピッチを均等にするフォントのことを**等幅フォント**という。

② **上書き保存**とは、文書データに新しいファイル名や拡張子を付けて保存することである。

③ **均等割付け**とは、入力した文字列などを行の中央に位置付けることである。

④ ディスプレイの表示内容を上下左右に少しずつ移動させ、隠れて見えなかった部分を表示することを**ドラッグ**という。

⑤ 電源スイッチに表示する電源マークは、**☾**である。

⑥ **アイコン**とは、ファイルの内容やソフトの種類、機能などを小さな絵や記号で表現したものである。

⑦ ユーザの利用状況をもとにして、同音異義語の表示順位などを変える機能のことを**辞書**という。

⑧ **ＵＳＢメモリ**とは、端末装置から読み書きできる外部記憶領域を提供するシステムのことである。

【解答群】

ア． ファイルサーバ　**イ．** センタリング（中央揃え）　**ウ．** 学習機能
エ． ⏻　**オ．** プロポーショナルフォント　**カ．** 名前を付けて保存
キ． スクロール　**ク．** テンプレート

3　次の各文の〔　　〕の中から最も適切なものを選び、記号で答えなさい。

① 引受けと配達時点での記録をし、配達先に手渡しをして確実な送達を図る郵便物のことを〔**ア**．速達　**イ**．簡易書留〕という。

② 〔**ア**．前付け　**イ**．後付け　**ウ**．本文〕とは、その文書の中心となる部分で、主文や末文などから構成される。

③ ビジネスでの業務に直接関係のない、折々の挨拶や祝意などを伝える文書のことを〔**ア**．社交文書　**イ**．取引文書〕という。

④ 〔**ア**．帳票　**イ**．通信文書　**ウ**．信書〕とは、業務を行ったり、企業の内外の相手に連絡したりする文書のことである。

⑤ 記号〔**ア**．＿　**イ**．・　**ウ**．ー　〕の読みは、アンダーラインである。

⑥ 「全角英数への変換」と「大文字小文字の切り替え」をするキーは、〔**ア**．[F 6]　**イ**．[F 7]　**ウ**．[F 9]　〕である。

⑦ 〔**ア**．[Tab]　**イ**．[Esc]　**ウ**．[Insert]　〕は、キャンセルの機能を実行するキーのことである。

⑧ 単価記号は、〔**ア**．＆　**イ**．¥　**ウ**．@　〕である。

4　次の各問いの答えとして、最も適切なものをそれぞれのア～ウの中から選び、記号で答えなさい。

① ビジネス文書の構成において、右寄せして表示するのはどれか。

　ア．件名　　**イ**．受信者名　　**ウ**．発信者名

② 親しい相手などで、前文を省略する場合に用いる頭語と結語の組み合わせはどれか。

　ア．前略－草々　　**イ**．前略－敬白　　**ウ**．謹啓－草々

③ 世帯主（送り先）と受取人が違う場合、世帯主に付ける敬称はどれか。

　ア．気付　　**イ**．様方　　**ウ**．行

④ ビジネス文書の構成において、同封物指示が含まれるのはどれか。

　ア．前付け　　**イ**．後付け　　**ウ**．本文

⑤ 文字の書体を変えたり、模様を付けたりして、文章の一部を強調する機能はどれか。

　ア．書式設定　　**イ**．コピー＆ペースト　　**ウ**．文字修飾

⑥ 下の点線内の正しい校正結果はどれか。

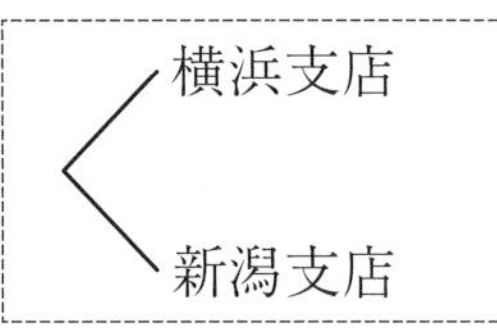

　ア．横浜支店
新潟支店　　**イ**．新潟支店
横浜支店　　**ウ**．横浜支店新潟支店

5　次の表の①～⑩の中に入る漢字または読みとして、最も適切なものを解答群の中から選び、記号で答えなさい。ただし、音訓の読みが複数ある場合はその一つを記してある。また、活用語の読みは送り仮名を含む終止形になっている。

番号	漢字	音読み	訓読み
例	漏	ろう	もらす
1	諭	①	さとす
2	育	いく	②
3	③	りん	のぞむ
4	潜	④	もぐる
5	価	か	⑤
6	⑥	わく	まどわす
7	妹	⑦	いもうと
8	度	ど	⑧
9	⑨	ばい	つちかう
10	任	⑩	まかせる

【解答群】

ア．せん　**オ**．たび　**ケ**．培
イ．ろん　**カ**．ゆ　**コ**．臨
ウ．まい　**キ**．にん　**サ**．媒
エ．そだつ　**ク**．あたい　**シ**．惑

6　次の各文の〔　　〕の中から、現代仮名遣いとして最も適切なものを選び、記号で答えなさい。

① 新入社員の成長が〔**ア**．いちぢるしい　**イ**．いちじるしい〕。
② 試作品の製作に〔**ア**．とおか　**イ**．とうか〕はかかると言われた。
③ 友人から〔**ア**．こずつみ　**イ**．こづつみ〕が届いた。

7　次の各文の下線部の読みを、常用漢字表付表に従い、ひらがなで答えなさい。

① 近くに温泉があるせいか、**硫黄**のにおいがする。
② 天然石を使用した**数珠**を購入した。
③ **木綿**は優れた吸収性と柔らかな肌触りが特徴の繊維だ。

8　次の＜Ａ＞・＜Ｂ＞の各問いに答えなさい。

＜Ａ＞次の各文の〔　　〕の中から、ことわざ・慣用句の一部として最も適切なものを選び、記号で答えなさい。

① この会社の製品は値〔**ア**．を　**イ**．が〕張るものの、品質は優れている。
② 昨日の話について、友人が怒っているのは無理〔**ア**．も　**イ**．に〕ない。

＜Ｂ＞次の各文のことわざ・慣用句について、下線部の読みとして最も適切なものを〔　　〕の中から選び、記号で答えなさい。

③ オーディションを通過し、主役の座を**手中**に収める。〔**ア**．てなか　**イ**．しゅちゅう〕
④ 威儀（いぎ）を**正**して卒業式に参加する。〔**ア**．ただ　**イ**．せい〕

公益財団法人　全国商業高等学校協会主催・文部科学省後援

第71回　ビジネス文書実務検定試験　(5. 11. 26)

第3級ビジネス文書部門筆記問題・解答用紙

1	①	②	③	④	⑤	⑥	⑦	⑧

2	①	②	③	④	⑤	⑥	⑦	⑧

3	①	②	③	④	⑤	⑥	⑦	⑧

4	①	②	③	④	⑤	⑥

5	①	②	③	④	⑤
	⑥	⑦	⑧	⑨	⑩

6	①	②	③

7	①	②	③

8	①	②	③	④

試験場校名	受験番号

得　点

第71回　ビジネス文書実務検定試験　（5.11.26）

第３級　ビジネス文書部門実技問題　（制限時間15分）

◆**【書式設定】・【注意事項】**第69回（８ページ）を参照すること。

◆「模範解答」は25ページに掲載しています。

（入→情）入発第３８７号

令和５年１２月４日

千葉中央高等学校

進路指導部　林　直樹　様

君津市人見７－６４

情報かずさ専門学校

入試課長　藤木　奈美

体験講座のご案内←フォントは横２００％（横倍角）にし、センタリングする。

拝啓　貴校ますますご清栄のこととお喜び申し上げます。

さて、このたび本校では、高校２年生を対象に下記の講座を実施いたします。実践的な技術に触れながら、情報分野に対しての興味や関心を高められるため、楽しく学ぶことができます。つきましては、生徒の皆さまに同封のパンフレットをお渡しいただき、ご紹介のほどよろしくお願い申し上げます。

敬　具←右寄せし、行末に１文字分スペースを入れる。

記←センタリングする。

表の行間は２．０とし、センタリングする。

実施日	講　　　座	体験所要時間
２月３１日	ロボット組み立て体験	１５０分
３月２６日	簡単なゲーム作成	９０分

枠内で均等割付けする。　枠内で右寄せする。

以　上

第３級ビジネス文書部門筆記問題　模範解答

第69回　(4. 11. 27)　(各２点　合計１００点)

1	① ア	② ク	③ エ	④ オ	⑤ カ	⑥ イ	⑦ キ	⑧ ウ
2	① イ	② カ	③ キ	④ ○	⑤ ウ	⑥ ク	⑦ ○	⑧ オ
3	① イ	② ア	③ イ	④ ウ	⑤ イ	⑥ ウ	⑦ ア	⑧ ウ
4	① ウ	② イ	③ ア	④ ウ	⑤ ア	⑥ イ		
5	① ア	② ク	③ コ	④ ウ	⑤ イ			
	⑥ サ	⑦ エ	⑧ キ	⑨ シ	⑩ オ			
6	① ア	② ア	③ イ					
7	① の　く	② お　みき	③ ついたち					
8	① イ	② ア	③ ア	④ イ				

第70回　(5. 7. 2)　(各２点　合計１００点)

1	① キ	② ウ	③ ア	④ カ	⑤ イ	⑥ エ	⑦ ク	⑧ オ
2	① カ	② ○	③ オ	④ ウ	⑤ キ	⑥ エ	⑦ ○	⑧ ク
3	① イ	② ア	③ ウ	④ イ	⑤ イ	⑥ ウ	⑦ ア	⑧ ア
4	① ウ	② ア	③ イ	④ イ	⑤ ア	⑥ ウ		
5	① イ	② ウ	③ サ	④ オ	⑤ ク			
	⑥ コ	⑦ エ	⑧ ア	⑨ シ	⑩ カ			
6	① ア	② イ	③ ア					
7	① かたず	② しばふ	③ いぶき					
8	① ア	② イ	③ イ	④ ア				

第71回　(5. 11. 26)　(各２点　合計１００点)

1	① イ	② ク	③ エ	④ ウ	⑤ キ	⑥ ア	⑦ カ	⑧ オ
2	① ○	② カ	③ イ	④ キ	⑤ エ	⑥ ○	⑦ ウ	⑧ ア
3	① イ	② ウ	③ ア	④ イ	⑤ ア	⑥ ウ	⑦ イ	⑧ ウ
4	① ウ	② ア	③ イ	④ イ	⑤ ウ	⑥ ア		
5	① カ	② エ	③ コ	④ ア	⑤ ク			
	⑥ シ	⑦ ウ	⑧ オ	⑨ ケ	⑩ キ			
6	① イ	② ア	③ イ					
7	① いおう	② じゅず	③ もめん					
8	① イ	② ア	③ イ	④ ア				

第３級ビジネス文書部門実技問題　模範解答

総発第４７８号
令和４年１０月６日

株式会社　ＨＴ開発ジャパン
　営業部長　西野　たえ　様

三条市横町３－９－２
よそいメタルズ株式会社
総務部長　矢島　英俊

講師派遣の依頼について

拝啓　貴社ますますご隆盛のこととお喜び申し上げます。
　さて、弊社では昨年に引き続き、本年も社員研修を１２月１６日に予定しております。社員の知識の習得やスキル向上を図ることを目的に、下記の内容で実施いたします。
　つきましては、同封した資料で詳細をご確認のうえ、講師を派遣してくださいますようお願い申し上げます。

敬　具

記

研　修　内　容	講演時間	参加人数
新入社員フォローアップ	５０分	２５名
次世代リーダー育成	1時間３０分	３０名

以　上

第３級ビジネス文書部門実技問題　模範解答

研発第３９７号

令和５年７月２４日

株式会社　森モデレート

　代表取締役　関　トウマ　様

大田原市城山６－２９

北関東建築協会

研修部長　佐鳥　純二

技術講習会の実施について

拝啓　貴社ますますご発展のこととお喜び申し上げます。

　さて、昨年好評だったドローンの講習会を、今年も下記のとおり実施します。ドローンは、測量や管理だけでなく、調査など多くの分野に活用が広がっています。ぜひ、ご参加ください。

　なお、受け付けは先着順です。詳しくは別紙をご確認のうえ、ご不明な点がありましたら、当協会までお問い合わせください。

敬　具

記

開催日	会　　場	受講可能人数
１０月５日	ゆい陸上競技場	２０名
１１月６日	ＨＹ産業技術専門学校	８名

以　上

第３級ビジネス文書部門実技問題　模範解答

情発第３８７号
令和５年１２月４日

千葉中央高等学校
　進路指導部　林　直樹　様

君津市人見７－６４
情報かずさ専門学校
入試課長　藤木　奈美

体験講座のご案内

拝啓　貴校ますますご清栄のこととお喜び申し上げます。
　さて、このたび本校では、高校２年生を対象に下記の講座を実施いたします。実践的な技術に触れながら、情報分野に対しての興味や関心を高められるため、楽しく学ぶことができます。
　つきましては、生徒の皆さまに同封のパンフレットをお渡しいただき、ご紹介のほどよろしくお願い申し上げます。

敬　具

記

実施日	講　　　　座	体験所要時間
２月１３日	ロボット組み立て体験	１５０分
３月２６日	簡単なゲーム作成	９０分

以　上

ビジネス文書実務検定試験
第３級　筆記まとめ問題①　解答用紙
（1～8計50問各２点　合計100点）

本誌→P.120

	①	②	③	④	⑤	⑥	⑦	⑧
1								

	①	②	③	④	⑤	⑥	⑦	⑧
2								

	①	②	③	④	⑤	⑥	⑦	⑧
3								

	①	②	③	④	⑤	⑥
4						

	①	②	③	④	⑤
5					
	⑥	⑦	⑧	⑨	⑩

	①	②	③
6			

	①	②	③
7			

	①	②	③	④
8				

年	組	番号	氏名

得点

ビジネス文書実務検定試験
第３級　筆記まとめ問題②　解答用紙
（1～8計50問各２点　合計100点）

本誌→Ｐ.123

1	①	②	③	④	⑤	⑥	⑦	⑧

2	①	②	③	④	⑤	⑥	⑦	⑧

3	①	②	③	④	⑤	⑥	⑦	⑧

4	①	②	③	④	⑤	⑥

5	①	②	③	④	⑤
	⑥	⑦	⑧	⑨	⑩

6	①	②	③

7	①	②	③

8	①	②	③	④

年	組	番号	氏名

得点

ビジネス文書実務検定試験
第３級　■ 模擬問題　筆記１回 ■　解答用紙
（1～8計50問各２点　合計100点）

本誌→Ｐ.128

1	①	②	③	④	⑤	⑥	⑦	⑧

2	①	②	③	④	⑤	⑥	⑦	⑧

3	①	②	③	④	⑤	⑥	⑦	⑧

4	①	②	③	④	⑤	⑥

5	①	②	③	④	⑤
	⑥	⑦	⑧	⑨	⑩

6	①	②	③

7	①	②	③

8	①	②	③	④

年	組	番号	氏名

得点

ビジネス文書実務検定試験
第３級 ■ 模擬問題　筆記２回 ■ 解答用紙
（1～8計50問各２点　合計100点）

本誌→P.133

	①	②	③	④	⑤	⑥	⑦	⑧
1								

	①	②	③	④	⑤	⑥	⑦	⑧
2								

	①	②	③	④	⑤	⑥	⑦	⑧
3								

	①	②	③	④	⑤	⑥
4						

	①	②	③	④	⑤
5					
	⑥	⑦	⑧	⑨	⑩

	①	②	③
6			

	①	②	③
7			

	①	②	③	④
8				

年	組	番号	氏名

得点

ビジネス文書実務検定試験
第３級 ■ 模擬問題 筆記３回 ■ 解答用紙
（1～8計50問各２点　合計100点）

本誌→Ｐ．138

1	①	②	③	④	⑤	⑥	⑦	⑧

2	①	②	③	④	⑤	⑥	⑦	⑧

3	①	②	③	④	⑤	⑥	⑦	⑧

4	①	②	③	④	⑤	⑥

5	①	②	③	④	⑤
	⑥	⑦	⑧	⑨	⑩

6	①	②	③

7	①	②	③

8	①	②	③	④

年	組	番号	氏名

得点

※定型の筆記問題解答用紙です。ご自由にご使用ください。

ビジネス文書実務検定試験　第３級　筆記問題　解答用紙

（１～８計50問各2点　合計100点）

第　　回

1	①	②	③	④	⑤	⑥	⑦	⑧
2	①	②	③	④	⑤	⑥	⑦	⑧
3	①	②	③	④	⑤	⑥	⑦	⑧
4	①	②	③	④	⑤	⑥		
5	①	②	③	④	⑤			
	⑥	⑦	⑧	⑨	⑩			
6	①	②	③					
7	①	②	③					
8	①	②	③	④				

得点

第　　回

1	①	②	③	④	⑤	⑥	⑦	⑧
2	①	②	③	④	⑤	⑥	⑦	⑧
3	①	②	③	④	⑤	⑥	⑦	⑧
4	①	②	③	④	⑤	⑥		
5	①	②	③	④	⑤			
	⑥	⑦	⑧	⑨	⑩			
6	①	②	③					
7	①	②	③					
8	①	②	③	④				

得点

年	組	番号	氏名

※定型の筆記問題解答用紙です。ご自由にご使用ください。

ビジネス文書実務検定試験　第３級　筆記問題　解答用紙

（１～８計50問各2点　合計100点）

第　　回

1	①	②	③	④	⑤	⑥	⑦	⑧
2	①	②	③	④	⑤	⑥	⑦	⑧
3	①	②	③	④	⑤	⑥	⑦	⑧
4	①	②	③	④	⑤	⑥		
5	①	②	③	④	⑤			
	⑥	⑦	⑧	⑨	⑩			
6	①	②	③					
7	①	②	③					
8	①	②	③	④				

得点

第　　回

1	①	②	③	④	⑤	⑥	⑦	⑧
2	①	②	③	④	⑤	⑥	⑦	⑧
3	①	②	③	④	⑤	⑥	⑦	⑧
4	①	②	③	④	⑤	⑥		
5	①	②	③	④	⑤			
	⑥	⑦	⑧	⑨	⑩			
6	①	②	③					
7	①	②	③					
8	①	②	③	④				

得点

年	組	番号	氏名